"十一五"全国高等院校艺术设计专业规划教材

室内环境艺术设计指导

孙　皓　刘东文　编著

U0323456

辽宁科学技术出版社

沈阳

图书在版编目（CIP）数据

室内环境艺术设计指导/孙皓，刘东文编著.—沈阳：辽宁科学
技术出版社，2009.9
"十一五"全国高等院校艺术设计专业规划教材
ISBN 978-7-5381-5960-8

Ⅰ.室… Ⅱ.①孙… ②刘… Ⅲ.室内设计：环境设计—高等学
校—教材 Ⅳ.TU238

中国版本图书馆CIP数据核字（2009）第149166号

出版发行：辽宁科学技术出版社
        （地址：沈阳市和平区十一纬路29号　邮编：110003）
印　刷　者：北京地大彩印厂
经　销　者：各地新华书店
幅面尺寸：185mm×260mm
印　　张：8
字　　数：192千字
出版时间：2009年9月第1版
印刷时间：2009年9月第1次印刷
责任编辑：高俊梅
封面设计：吴　娜
责任校对：侯立萍

书　　号：ISBN 978-7-5381-5960-8
定　　价：36.00元

联系电话：010-88386575
邮购热线：010-88384660
E-mail:lnkjc@126.com
http://www.lnkj.com.cn
本书网址：www.lnkj.cn/uri.sh/5960

"十一五"全国高等院校艺术设计专业规划教材

编写委员会

主　任：陈志莹

副主任：高金锁　苗延荣

编　委（按汉语拼音排列）：

安从工　陈志莹　高金锁　耿立新　侯　莹　李　军

芦红莉　罗来文　李凌恒　刘东文　刘　宇　刘　杨

苗延荣　孟祥斌　孙　光　孙　皓　孙　明　史　墨

孙文涛　汤　洲　王春涛　王俊琪　吴向阳　吴祥忠

王艺湘　苑　军　许烨鸣　张新沂　周雅琴

前　言

　　本书作为普通高等学校本科艺术设计专业的参考教材，适用于环境艺术设计、室内设计、室内装饰设计、视觉传达设计等专业的教学用书。

　　此教材的编写，是因为在多年教学中发现，现在的艺术设计类学生在理解和掌握专业理论与设计技能上存在一种现象——当学生接到一个设计作业或方案后，往往不知道从哪些方面开始设计，设计过程中哪些因素影响设计效果也不知道。分析原因，是现在普通高校的艺术设计专业学生本身的艺术素养和设计体验相对比较薄弱，而且根据自己所学的专业知识，能够不断地在社会上进行设计实践来验证所学设计理论和方法的机会较少，导致理论与实践的脱节。在教学环节上，整体缺少一种设计实践方法的系统指导。

　　本教材的编写，在保持内容的广泛性上，以独立的章节，通俗易懂的语言，基础的专业理论，大量的图片案例作为教材的模式，易看、易读、易懂。而且，教材最重要的一点是向学生介绍设计的方法及检验设计的方法，使这本教材成为指导工具，引导学生由迷惘的设计思路迈进清晰的设计思路。

　　此书的编写目的不是追求学术理论上的某种高度，而是脚踏实地地将室内环境艺术设计专业所涉及的基础理论知识说清楚，将设计程序和方法讲明白。

　　教材编写过程中得到了很多朋友和同事的好建议，为教材的顺利编写提供了很大的帮助，在这里表示感谢。本书编者：孙皓（负责了本书第一部分至第五部分的文字和插图的编写）；刘东文（负责了本书第六部分的文字和插图的编写）。

　　由于编者水平有限，时间仓促，不足之处，请给予批评指正。

编者

2009 年春

目　录

第一部分　环境艺术设计概述

环境艺术设计是一门新兴的建立在现代环境科学基础之上的边缘学科。环境艺术设计是时间与空间艺术的综合，设计的对象涉及自然生态环境与人文社会环境的各个领域，这是一个与可持续发展战略有着密切关系的专业。

环境艺术设计从字面理解：

"环境"是包括自然环境、人工环境、社会环境在内的全部环境概念。

"艺术"是指狭义的美学意义上的艺术。

"设计"是指建立在现代艺术设计概念基础上的设计。

环境艺术设计从专业理解：

环境艺术设计是以人的主观意识为出发点，建立在客观物质基础上，以现代环境科学研究成果为指导，以艺术审美法则为目的，依据人的视觉、听觉、触觉、嗅觉的综合感受，营造具有审美情趣的人类生存环境。

环境艺术设计所涵盖的内容：

广义上说，环境艺术设计包含了当代几乎所有艺术设计领域，是一个艺术设计的综合系统。

狭义上说，环境艺术设计主要内容是以建筑的内外空间环境来界定的，其中以建筑的室内、家具、陈设诸要素进行的空间组合设计，称为室内环境艺术设计，以建筑、雕塑、绿化、水景诸要素进行的空间组合设计，称为室外环境艺术设计。前者常冠名为室内设计，后者常冠名为景观设计。

本教材所涉及的内容主要从室内环境艺术设计的方面来讲述。

第一章　室内设计基本概念

第一节　室内设计的含义

室内设计是对建筑物室内空间环境的设计，是建筑设计的延续、深化和再创作。人的一生，绝大部分时间是在室内度过的。因此，我们设计、创造的室内环境，必然会直接关系到室内生活、生产活动的质量，关系到人们的安全、健康、效率、舒适等。所以，保障安全和有利于人的身心健康是室内设计的首要前提。室内环境除了满足物质功能要求以外，还常与建筑的类型相适应，满足人的文化精神生活。

另外，室内设计的总体，包括艺术风格，从宏观来看，往往能从一个侧面反映相应时期社会物质和精神生活的特征。这是由于室内设计从设计构思、施工工艺、装修、装饰材料到内部设施，必然和社会当时的物质生产水平，社会文化和精神生活状况联系在一起。而且还和当时的哲学思想、美学观点、社会经济、民俗民风等密切相关。

室内设计是根据建筑物的使用性质，所处环境和相应标准，运用物质技术手段和建筑美学原理，创造功能合理、舒适优美、满足人们物质和精神生活的室内环境。这个空间环境既有使用价值，满足相应的功能要求，同时也反映了历史文脉、建筑风格、环境气氛等精神因素。

现代室内设计既有很高的艺术性要求，涉及文化、人文及社会学科，其设计的内容又有很高的技术含量，并且与一些新兴学科，如人体工程学、环境心理学、环境物理学等关系极为密切。现代室内设计已经在环境艺术设计领域中发展成为独立的新兴学科。

第二节　室内设计的基本理念

一、环境为源，以人为本

现代室内设计是创造人工环境的设计，是从选材、施工，甚至延伸到后期使用、维护、更新的整个人为活动过程。整个过程应充分重视环境的可持续发展，环境保护、生态平衡、资源和能源的节省等现代社会的准则，这就是室内设计的以"环境为源"的理念。

"以人为本"的理念是在设计中以满足人和人际活动的需要为核心。现代室内设计需要满足人们的生理、心理要求，需要综合地处理人与环境、人际交往等多项关系，需要在为人服务的前提下，综合解决使用功能、经济效益、舒适美观、环境氛围等诸多要求。

二、系统与整体的设计观

现代室内设计的立意、构思、风格和氛围的创造，需要着眼于对环境整体，文化特征以及建筑物的功能特点等多方面的考虑。现代室内设计从整体观念上理解，应看成是环境设计的一部分。

三、时代感与历史文脉并重

建筑和室内环境总是从一个侧面反映当代社会物质生活和精神生活的特征，但是现代室内设计更强调自觉地在设计中体现时代精神，主动考虑满足当代社会生活和行为模式的需要，分析具有时代精神的价值观和审美观，积极采用当代物质技术手段。

同时，人类社会的发展，不论是物质技术的，还是精神文化的，都具有历史延续性，我们称为历史文脉。在设计中应从规划思想、平面布局、空间组织，甚至哲学思想等方面考虑历史文脉的作用。

四、动态发展观

室内环境由于使用功能变化，如住宅改办公，商店经营门类的转换等，都会让室内空间的分隔，室内装饰和设施配置相应变化。人们对室内环境艺术氛围、时尚风格等审美观的改变，也使室内环境需要作出相应的变化，这是室内设计与建筑设计不同的地方。因此，室内设计通常需要考虑给室内环境留有更新改变的余地，需要以动态发展的理念来进行设计。

第三节　室内设计的内容

（1）室内空间的组织、调整、利用和再创造。

（2）室内平面功能分析、布置和调整。

（3）室内各界面的使用特点分析，线、形、图案的装饰设计及构造设计。

（4）室内采光、照明、声学设计，考虑光影和音质效果及隔、吸声处理。

（5）室内色彩设计，确定主色调和色彩配置。

（6）根据使用要求、环境氛围和相应装饰标准，选用各界面不同质地的装饰材料。

（7）协调室内水、电、音响等设计要求，在空间和界面处理上要协调统一。

（8）对室内陈列品的布置和配景设计要与室内环境协调。

第二章　室内设计工作方法与程序

第一节　室内设计工作方法

一、室内设计的思考方法

1. 大处着眼、细处着手，总体与细部深入推敲

意思是设计时要有全局观念，对设计信息要全面分析。细节设计是从基本的人体尺度、人流动向、活动范围、家具设备、空间使用着手。

2. 从里到外、从外到里，局部与整体协调统一

设计时需要从里到外，从外到里多次反复协调，使其更完善合理。与建筑的性质、风格要融合。

3．意在笔先或笔意同步，立意与表达并重

首先是对设计的整体有一个较成熟的构思，要有好的创意想法。其次是要有好的表达手段，也就是相关的图纸要完整、精确、漂亮。充分体现出设计者的设计内涵。

二、室内设计的具体工作方法

1．调查和信息收集

多渠道收集与设计任务有关的信息，包括建筑图纸和实地勘察，并分析总结，确定设计方向。

2．设计定位

这是信息调查、收集、分析后必须完成的工作。主要是：

（1）设计任务的地区、周边环境的研究。

（2）设计任务的使用功能、使用性质定位。

（3）设计任务的风格定位。

（4）设计任务的有关资金、造价的规模与标准定位。

3．相关工种协调

主要是与室内环境相关的声、光、电、空调、消防、网络、设备安装等系统的工作协调。

4．土建和装修的前后期衔接

如何合理地安排在土建过程中进行的装修施工。

5．方案比较

多套设计方案的比较，取长补短，完善设计，得出最佳的设计方案。

第二节　室内设计工作程序

一、设计准备阶段

（1）接受设计任务委托书，签订合同。

（2）明确设计内容和要求。

（3）熟悉与设计相关的技术规范和标准。

（4）提出收费标准。

二、方案草图阶段

（1）确定平面功能布局。

（2）设计风格定位，绘制多种风格图纸。

（3）提出合理的建筑室内改造建议。

三、方案设计阶段

（1）平面图（包括家具布置）。

(2) 立面图。

(3) 顶棚图（包括灯具、空调口布置）。

(4) 彩色效果图。

(5) 装饰材料实样。

(6) 设计说明和造价预算。

四、施工图阶段

详细绘制施工工艺、使用材料、节点工艺，补充完善设计。

五、设计施工阶段

根据设计方案和施工图，完成装修施工，将图纸变为现实。

第三章　室内设计的分类

由于建筑功能的种类繁多，在室内设计中将建筑室内空间按使用性质的不同概括为两大类：住宅类建筑室内设计（私人空间）和公共类建筑室内设计（公用空间）。

图 1-1

第一节　住宅建筑室内设计

住宅室内设计根据建筑的性质可分为：别墅、高级公寓、普通住宅。

一、别墅

现代的住宅类别墅种类很多，依据建筑形式分为：独立式别墅、联体式别墅、立体叠加式别墅（图 1-1 ～图 1-3）。别墅的室

图 1-2

图 1-3

图1-4

内空间是较大的，各种功能空间完整，而且有较好的户外环境和景观（图1-4），这为设计提供了优越的条件。

二、高级公寓

这类住宅建筑多处于经济发达的城市中心或靠近城市中心，多以高层的酒店建筑形式出现，也称为"酒店式公寓"（图1-5、图1-6）。其户型设计多为紧凑型的小面积住宅（40～60m²），有统一的物业管理。在室内设计上追求个性化设计，注重空间功能的合理运用（图1-7）。

图1-5

图1-6

图1-7

三、普通住宅

这类住宅建筑是目前拥有量最多的住宅形式，基本以多层建筑和高层建筑为主（图1-8），常常是多栋建筑组合在一起，形成很大面积的住宅小区，有统一的物业服务。户型形式变化不多，基本以二室二厅、三室二厅的户型为主。设计上注重空间功能的合理性与舒适性。

图1-8

第二节　公共建筑室内设计

公共建筑是我们日常活动不可缺少的一部分,其提供了除私人住宅之外的全部工作、学习、娱乐、交际、休闲、购物、饮食等人们活动的场所和空间环境,所以说公共建筑室内设计是室内设计行业中最重要的研究内容。公共建筑室内设计根据建筑的使用性质可分为以下几类:

一、办公建筑室内设计

办公建筑是现代社会不可缺少的建筑类型,是我们工作、学习的重要场所。其室内空间从使用性质上分为:行政办公、专业办公、综合办公等;从管理方式上分为:专用办公楼和出租型办公楼。办公空间根据工作方式分为:单间办公、开敞式办公、单元式办公等;根据使用功能分为:会议室、资料室、经理室、洽谈室、接待室、休息室、吸烟室等(图1-9～图1-11)。

图1-9　　　　　　　　　　图1-10　　　　　　　　　　图1-11

二、商业建筑室内设计

商业建筑是城市公共建筑中拥有量最大、分布最广的类型,其规模、数量、装修水平能反映这个城市的经济发达程度。从经营形式上可分为以下几种:

1.大型购物中心

经营的商品齐全,卖场空间巨大,装修高档,服务到位(图1-12、图1-13)。

图1-12　　　　　　　　　　图1-13

2. 综合商场

此类建筑多处于繁华地段，内部除了卖场外，常设有娱乐、电影院、餐馆、银行、美容等多种商业形式，内部环境舒适（图 1-14）。

3. 专业商店

经营内容单一，如专卖店、手机店、书店、金店、钟表店、眼镜店、服装专卖等。这类卖场一般空间不大，但装修精良、高档，购物环境优雅，体现品位和档次（图 1-15、图 1-16）。

图 1-14

图 1-15

图 1-16

4．自选商场

根据经营规模和管理模式分为：大型仓储式自选商场，如百安居、麦得龙、宜家等；中型连锁超市，如家乐福、乐购、世纪联华、易初莲花等（图1-17）；小型便利店，如津工超市、华润万家超市等；专营性自选商场，如国美电器、苏宁电器、大中电器等。此类室内环境宽敞、明亮，装修简洁大方，充分突出商品的特征。

图1-17

三、休闲娱乐建筑室内设计

休闲娱乐功能常存在于商业建筑之中，划分出一定的面积或几层楼面进行专门的休闲娱乐功能设计。还有就是利用旧建筑进行改造，变为专用的休闲娱乐建筑，如北京的"798"、上海的"新天地"。其根据经营内容分为：量贩式KTV、夜总会、休闲会馆、洗浴中心、美容、SPA、歌舞厅、迪厅、电子游戏厅、网吧以及赌场、真人CS等（图1-18~图1-21）。此类室内环境多数装修豪华，富丽堂皇，甚至极尽奢侈。

图1-18

图 1-19

图 1-20

会馆 俱乐部

美容 SPA 洗浴

图 1-21

四、宾馆饭店建筑室内设计

这类建筑包括旅馆、星级宾馆、度假村、快捷酒店等。其室内环境优雅、舒适，功能齐全，使用方便，服务设施一流，室内装饰装修豪华，而且多数室内环境设计与当地的风土人情相结合（图1-22），是表达室内设计水平的重要目标对象。

图 1-22

五、餐饮建筑室内设计

餐饮功能通常存在于商业建筑、娱乐建筑和宾馆建筑之中，也有利用单体建筑或旧建筑改造变为专用的餐饮功能建筑。根据餐饮形式分为：中餐厅、西餐厅、咖啡厅、酒吧、茶馆、特色饭店、快餐店等。室内环境装饰时尚、华丽，进餐环境温馨、安静，也是室内设计的主要目标对象（图1-23）。

图 1-23

六、展览建筑室内设计

展览建筑虽然在日常生活中接触较少，但是我们日常文化传播交流活动不可缺少的场所。按其功能分为：商业性会展中心、公益性博物馆、展览馆、美术馆，商业与公益共融的私人展览馆、私人陈列馆、私人收藏展馆等。此类室内因其特殊性要求，色彩、照明、温度、湿度的设计是重点内容（图1-24）。

图 1-24

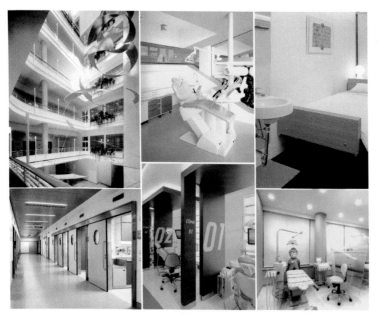

图1-25

七、医疗建筑室内设计

医疗建筑是指为了人的健康进行的医疗活动或帮助人恢复保持身体机能而提供的相应建筑场所。根据专业属性分为：综合医院、专科医院、社区卫生院、疗养院、医疗康复机构等。此类室内环境在设计上要求简洁、大方、明快，充分考虑人体工程学的应用。装修用材料的环保性要求极高（图1-25）。

图1-26

八、文化教育建筑室内设计

这类建筑包括幼儿园、中小学校、高等学校的教学楼、图书馆、试验楼，电视、广播电台文化中心等，在室内设计上多以简洁、庄重的风格为主。对通风、采光的要求较高，装修材料的环保要求高（图1-26）。

九、观演建筑室内设计

这类建筑是人们精神休闲的重要场所,也是文化艺术传播的重要媒介。其分为:剧院、电影院、歌剧院、音乐厅等,室内设计庄重、华丽。声学和灯光设计是重点解决的内容（图 1-27）。

图 1-27

图 1-28

十、体育健身建筑室内设计

这类建筑主要是人们进行健身锻炼和体育竞技的场所,分为:体育场、体育馆、单项专业体育场馆、健身俱乐部等。其室内设计多具有动感、活泼、时尚、个性的效果（图 1-28）。

十一、交通建筑室内设计

这类建筑是为人们乘坐交通工具提供购票、等待、休息的场所，按交通工具的不同分为：火车站、轮船码头、飞机场、地铁站、轻轨站、汽车站等。其室内设计多数呈现高科技的效果，风格时尚，个性十足。方便、快捷的功能设计是首要任务（图1-29）。

图 1-29

十二、教堂庙宇建筑室内设计

教堂庙宇是一类比较特殊的建筑形式，是人们寄托精神和信仰的场所。自人类开始建造建筑物，这类建筑就存在，一直延续到现在。其建筑形式受现代设计理念的影响，外观和室内环境也具有了现代气息。但在装饰上的庄重、肃穆、神域的氛围从未改变，利用高大的建筑体量和高大的室内空间进行心灵的震撼是从一而终的设计原则（图1-30）。

图1-30

第三节　交通工具的室内设计

交通工具主要指人们为了进行异地之间的移动而选择使用的人造移动设备，包括：火车、轮船、飞机、地铁、汽车等。这些交通工具的内部与人的接触最直接，因此，其内部空间的设计也是室内设计领域重点研究的内容。

交通工具的内部空间设计对人体工学的要求较高，舒适是必需的，与建筑物不同，车、船、飞机的内部空间设计对设计、施工、材料均有特殊要求，是室内设计的一个全新领域。其设计内容包括：民航专机室内设计、豪华游轮与游艇室内设计、豪华列车与地铁室内设计、豪华房车与大巴车室内设计等。装饰多采用先进的材料和高技术施工工艺，坚固、安全、阻燃是内部空间设计时重点解决的问题（注：交通工具的内部设计因涉及机械制造、工业设计、相关的行业标准等原因，为了避免误导读者，本教材不进行深入的讲述。只是让读者知道有这样的一个设计领域，如果感兴趣可另外深入地研究）。

第二部分　室内艺术照明设计

照明设计在环境艺术设计中占有重要地位。光使得我们能够看到建筑、人和物体。光影响我们，影响艺术的效果，影响空间和区域的气氛。光使得我们能够感知空间，能够延展或强调空间，在各个区域之间建立联系。

随着现代科学技术的进步，环境设计行业的电气照明技术有了长足的发展，电气照明技术作为专门的学科研究，在各个领域得到了重视，从而推动了照明设计不断地向前发展。艺术照明设计是指在照明技术的基础上，为了满足人们的审美要求，设计师在进行室内设计时，更多地思考如何去处理光与造型、光与空间、光与色彩、光与材质等所产生的"光"环境艺术效果。"光"已经占据了室内设计的主宰地位，照明设计师利用光的表现力对室内空间进行文化艺术创造，满足视觉审美艺术要求。

第一章　照明基础知识

照明的历史非常短，18世纪前的照明主要是自然光和火，而火是从石器时代开始的唯一的人工照明。虽然原始的照明方式和现代照明比起来落后很多，但它们也深深影响到当时人们的生活方式和建筑类型。当时欧洲的建筑很看重光在室内空间环境的作用。从古罗马的万神庙到哥特式的教堂以及现代的教堂设计（图2-1），光的形式无时无刻不在左右建筑师的意识，成为表达信仰、原则、概念等内容的重要手段。

图2-1

第一节　光　与　色

一、光

人类最初把能引起眼睛"明亮"感觉的"射线"叫做"光"。但随着科技的进步，我们开始从技术的角度理解光的存在。其实，光就是人眼能够看见的那部分电磁波谱，它是一种视觉可见的能量。在波长为400～800mm之间的那段狭窄的波段内，人眼可感知，并且可以区分出从红色（波长最长的颜色）到蓝色的一系列色彩。在人眼可见光的波段两侧分别为红外线和紫外线波段（图2-2）。

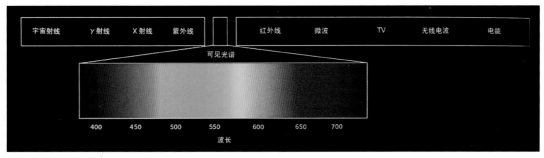

图2-2

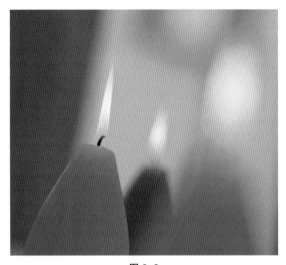

太阳是最主要的光源。在白天，地面上接受的是太阳的直射光，到了夜晚则依靠月亮的间接反射光和辅助的星光。虽然阳光的强度和颜色会由于天气的状况和观察者所处的地理位置而发生改变，但阳光仍然是评价照明效果时采用的衡量标准。

人类自从发现了火，就开始了对人造光的艰难探索。油灯和蜡烛能够发出比阳光更红、更温暖的光（图2-3），它们是长达数千年中人类利用的仅有的人造光源。这种情况一直维持到爱迪生发明了电灯泡（白炽灯），直至今日各种不同发光形式的人造光源出现。

图2-3

二、色

人眼可以分辨出大约4000万种颜色，但是这个结论是不可靠的。因为每个人能够辨别的颜色数量取决于人眼中视网膜视杆细胞和视锥细胞的接受能力（视网膜视杆细胞探测光的强度，视锥细胞则把颜色分解成红、绿、蓝三种色调的混合）。同时，对于颜色的分辨，也存在着主观因素的问题，由人的个体文化背景、社会经验、理解认知等能力所影响。

光与色的关系是错综复杂的，两者交织在一起，不可分开，就如我们所能感知的"白色"的光，实际上是由可见光谱中的全部颜色组成的。光与色的交互作用是照明设计中的一个主要方面（图2-4）。

图2-4

第二节　显色性与色温

一、显色性

显色性是指确定被照明物体的色彩感觉时，所采用光源的性质。当白色光线照射到彩色的物体上时，物体的表面就会根据自身的颜色吸收一部分光谱中的光线，反射其余的光线。换句话说，红色的物体吸收了除红光以外的其他波长的颜色，这就是为什么在白光的照射下，我们看到物体是红色的原因。但是，如果初始光不是色彩平衡的光，就会影响对物体颜色的认知。事实上，无论是自然光，还是人造光，几乎很少有光源能够发出与整个可见光谱颜色完全相同、比例相同的光。例如，一个红色的物体在蓝光中看起来发黑，是因为没有红光可以反射。又如，我们的路灯，使用的是低压钠灯，发出的黄色光线可以辨别出汽车或物体的形状，但是若想确认汽车或物体的颜色就会非常的困难。

物体表面的物理性质也是影响显色性的一个关键因素，比如光滑的与粗糙的、柔软的与坚硬的等，它们具有不同的反射度，在同样的光线照射下会反映不同的表面色彩明度（图 2-5）。

图 2-5

我们接触的所有光源都拥有一个 Ra 指数，用以指示标明光源的显色性（表 2-1）。100 是最高值。

表 2-1

显色性指数	典型的应用范围
$Ra>90$	所有需要精确色彩比较的地方，例如彩色印刷检查
$90>Ra>80$	由于外观的原因，需要准确判断颜色或者需要良好显色性的地方。例如，商店，大多数的旅馆、酒吧、餐厅
$80>Ra>60$	需要中等显色的地方。如办公室、教室
$60>Ra>40$	显色性不十分重要，但不能接受明显的偏色。如体育场馆
$40>Ra>20$	显色性根本不重要

二、色温

尽管所有的光源发出的光都可以概括地称为"白色的光线"（彩色灯具除外）。光线的颜色显然随着光源种类的不同而略有差别。在多数家庭中使用的传统白炽灯（灯炮）发出的光线是温暖的白光，在光谱中偏向红色的一端。而办公室使用的荧光灯（灯管）产生比较凉爽的效果。这种差异可以用色温来表示，尤其是可以使用绝对温标作为参照系来加以衡量。例如一块金属加热，它首先变红，接着变黄，继而变蓝，最终呈现为接近蓝色的白色。它在不同阶段的温度都可以使用绝对温标测得。

因此，3000K 是非常温暖的光（白炽灯在 2600 ~ 3200K 之间）；6000K 是非常凉爽的光（晴朗的天空大约是 6500K）。虽然在心理上太阳总是与温暖的感觉联系在一起，但是日光是极度冷的光。在少云的夏季天空，日光大概具有 10000K 的色温。

由此可见，照明设计要考虑饰面材料及其反射性能，以及所使用的光源灯具的色温（图 2-6）。

图 2-6

第三节　光的基本单位

一、光通量

光通量的实质是用眼睛来衡量光的辐射通量。是通过人的眼睛来描述光。科学的定义是单位时间光源向空间发出的、使人产生光感觉的能量。设光源在 t 秒内总共辐射出的光能是 W，我们就把辐射出来的光能 W 与辐射所经过的时间 t 之比称为光通量。光通量是衡量光源发光多少的一个指标。以 F 表示，单位为光瓦。光瓦单位太大，常用流明（lm）作为实用单位，它们的关系是 1 光瓦 =683 流明（lm）。1 lm=1cd/sr 例：普通 40W 荧光灯的光通量为 2200 lm（100 h），国产白炽灯每消耗 1W 电能所产生的光通量约为 12.5 lm（4tlm）。

二、光强

光强度是光度学的一个基本物理量。是光通量的空间密度，即单位立体角的光通量，也就是衡量光源发光强弱程度的量。单位为坎德拉（cd）。一支蜡烛的发光强度约为 1cd 。国产 100W 普通白炽灯的发光强度约为 100cd 。

三、照度

是受光表面上光通量的面密度，即单位面积的光通量。故照度是表示受光表面被照亮程度的一个量。以 E 表示，单位为勒克斯（lx）。

例：自然光的照度大约如下：

晴天的阳光直射下为 100000 lx。

晴天时背阴处为 10000 lx。

晴天时室内角落为 20 lx。

月夜为 0.2 lx。

一般办公室要求的照度为 100 ~ 200 lx；一般学习的照度应不少于 75 lx；在 40W 普通灯泡正下方 1m 处的照度约为 30 lx；40W 荧光灯正下方 1.3m 处的照度约为 90 lx。

四、亮度

单元表面在某一方向上的光强密度，它等于该方向上的发光强度和此表面在该方向上的投影面积之比。即被视物体在视线方向单位投影面上的发光强度称为该物体表面的亮度。亮度往往是表示某个方向上的亮度。以 B 表示，单位：坎德拉每平方米，符号：cd/m^2。

40W 荧光灯的表面亮度为 7000 cd/m^2。

一般阴天天空亮度平均值为 2000 cd/m^2。

图 2-7

第四节 人造光源与灯具

一、人造光源

根据光的产生原理，人造光源大致划分为三类：白炽灯、荧光灯（包括节能灯）和放电灯（图 2-7）。

另外，从发光的原理上分类：一种是让电流通过灯丝而发光（白炽灯）；一种是利用电激发填充在光源内部的气体而发光（荧光灯）。

下面概括介绍主要的人造光源特征：

1. 白炽灯

白炽灯是所有电灯的始祖。这类灯的工作原理是灯丝在特定的温度下，灯丝中通过的电流导致灯丝发出强烈的光芒。现在使用的白炽灯类型光源有普通钨灯、PAR（密封聚束灯）、卤钨灯（图 2-8）。

图 2-8

针对白炽灯使用的电压控制方面有两种形式。

(1)电源电压(直流电):指在220V电压上直接使用发光,不需要使用变压器。但发出的线强度比较小,且易坏。

(2)低电压:此类光源必须使用变压器,将220V电压变为12V低压电供电给灯发光。使用低压电的光源一般具有较小的尺寸,优秀的显色性,良好的光束控制,较长的使用寿命,低廉的运行成本。但由于有变压器,价格较高。

2. 荧光灯

荧光灯是室内照明应用最广泛的光源,被称为第二代光源(图2-9)。其发光原理是电流通过一种气体或蒸气,激发汞原子,使之发出紫外线。玻璃管上覆盖的磷膜与紫外线发生反应,产生可见光。近几年,由于使用了三层磷膜(三基色),因而改善了这种效率高、寿命长的光源的显色性。我们常见的有两类。

(1)直管型:一般分为20W、30W、36W、40W。其光色有日光色、冷白色、暖白色、三基色,是廉价但效率高的光源。

(2)异型灯:主要有U型和环型两种。

(3)节能灯:将细长的荧光灯管弯曲之后形成的各种造型的光源。有U型、D型、H型、螺旋型等。分暖光和冷光。此光源可降低电能消耗。如25W的所发出的光亮度相当于普通200W光源的亮度。

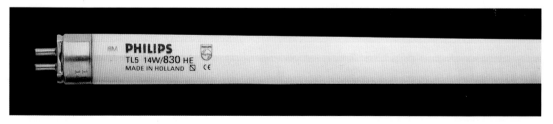

图 2-9

3．放电灯

是 20 世纪 30 年代开发成功的光源，是第三代光源，光效率比较高（图 2-10）。近年在室内照明设计中有广泛的使用。高强度放电灯的工作原理是钠（橙白色光）或水银蒸气（白蓝色光）。其种类有金属卤化物灯、高压汞灯、高压钠灯。

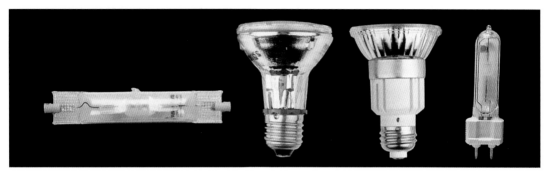

图 2-10

4．其他光源

除了上述三种主要光源，在室内照明中还经常用到其他的一些光源。主要有低压钠灯、氙灯（光色接近天然日光，高显色性，适用于需正确辨色的照明）、霓虹灯（一种广泛应用的装饰性光源）、LED 灯（发光二极管）。

二、灯具

灯具除了具有装饰性外。实际上，它承担着多种功能：保证电源与光源能够连接起来；保护光源并为光源导光或扩散光（图 2-11）。

常见的灯具类型有固定式（下射灯、上射灯、聚光灯）；移动式（台灯、落地灯）。

图 2-11

第二章　室内照明与环境

照明是我们生活中必不可少的，也是当今商业经济环境所必需的。近年，照明在室内环境艺术设计中的作用日渐增长，其体现的室内环境的艺术美感，更加符合人们心理和生理上的需求。室内照明设计需要注重人与光环境之间的协调统一，消除不必要的阴影，表达空间的清晰度，丰富光影效果是其主要研究内容。而处理好光环境的照度、光色、显色性、立体感、质感、闪光、眩光等指标要素是提高照明质量的必要条件。

第一节　室内照明的作用

一、构建空间

空间之间的组合能创建各种建筑物的模式。光可以根据结构和指向作出特有的阐述。有目的的照明可吸引观察者的目光，制造出空间的深度感。

（1）室内—室内：照亮的背景可强化空间的深度，强调透视感。被照亮的物体在背景中有同样的效果。较暗的照明使空间的边界感消失，前景与背景融合（图 2-12）。

图 2-12

（2）室内—室外：透过玻璃观察，室内较高照度与室外暗环境会造成玻璃立面的强反射。室内视觉效果是将内外景物叠加的综合效果，影响空间层次感，易产生视觉错觉（图2-13）。

（3）室外—室内：高照度的日光会造成玻璃立面的强烈反射，室内物体难以被观察到，只有提高室内空间的照度，才能比较容易辨识室内的物体。例如商店的橱窗（图2-14）。

图2-13

图2-14

二、突出重点

1. 塑造功能区域

光可以用于强调一个区域内某个功能作用，如交通、休息或展示区。光束可以在视觉上将区域划分。不同的照度水平建立了感知层次，引导观察者的视线。光色的不同也可将各个区域进行对比或强调（图2-15）。

不同的功能区用照明划分，可提升导向性。空间中的功能区可以用窄光束和高亮度划分，单个功能区的照度与环境照度应有明显对比，将主体从环境中衬托出来，均一的照度或亮度会显得单调（图2-15）。

图2-15

2．限定空间边界

地面照明强调的是交通区域，墙面照明强调垂直空间边界，采用光束对墙体进行局部照明来强调局部构件。垂直照明是塑造视觉环境的工具。渐变的光线分布对空间的限定力不如均匀的光线分布（图2-16）。

图2-16

3．强调建筑特征（图2-17）

建筑物室内细节是整体空间的视觉点。通过照亮建筑细节部件，室内空间可以成为视觉的结构体。侧射光会营造强烈的阴影效果，突出三维物体的特征。

强调建筑特征

图2-17

三、装饰环境

1．强化色彩效果

光源的颜色是创造照明艺术和表现环境气氛的重要手段，所以利用颜色配合的原理使用照明，来达到要求的效果，是照明设计的一个重要内容。如普通型白炽灯光是黄红色的，卤钨灯光是黄白色的，高压汞灯光是蓝绿色的，高压钠灯光是金白色的，霓虹灯光可有红、蓝、绿色等。

首先，在室内设计中利用物体色彩时要考虑其色彩会随着光的变化而变化，许多颜色在白天阳光照耀下，显得光彩夺目，但日暮以后，如果没有适当的照明，就可能变得暗淡无光。因此，光和色不能分离。所以，室内的环境色彩气氛也由于不同的光色而变化。许多餐厅、酒吧、咖啡馆和娱乐场所，常常用加重暖色光橘红色、浅紫色，使整个空间具有温暖、欢乐、活跃的气氛（图 2-18）。而冷色光也有许多用处，特别在炎热的夏季，青、蓝、绿色的光就使人感觉凉爽。可见色光还应根据不同气候、环境和室内居住人的性格要求来确定。

图 2-18

其次，在室内照明设计过程中应强调光照色彩环境的和谐统一，室内过杂的色彩会使人心情烦乱。整体的色彩格调应当给人一种统一、完整的印象（图 2-18）。所以，室内环境色彩的应用要考虑光与环境条件因素，确立色彩关系，形成与照明高度和谐的色彩环境，以达到最佳的光环境色彩艺术效果。

2. 营造装饰效果

室内环境设计在考虑界面造型、色彩等艺术感的同时，还需要与室内的照明设计进行协调考虑。照明设计是室内空间环境设计的组成部分，它是根据对象空间的实际情形与使用性质，运用照明技术手段与艺术处理手段，既能使室内空间丰富多彩，层次分明，又能赋予室内空间完整性。

在室内照明设计中，运用照明技术手段：强光、弱光、散光、整光、隐现、虚实、动静和控制投光角度，建立光的对比、秩序、节奏等形式，可以大大增加空间的变幻效果。例如在简洁的室内空间中利用光线的投光角度突出装饰品的精致与美丽。另外，灯具自身的造型、质感以及灯具的排列组合对空间起着装饰和强化艺术美感的作用，灯具的选择与室内的空间形式以及功能性质相协调时，才能更加有效地体现出光的装饰表现力。

照明的装饰作用除了与照明灯具的造型有关，也与室内空间的形、色、质融为一体。当灯光照射在室内的造型、结构、材料上时，借助于光影效果将造型、结构和材料的美感表现出来（图2-19）。

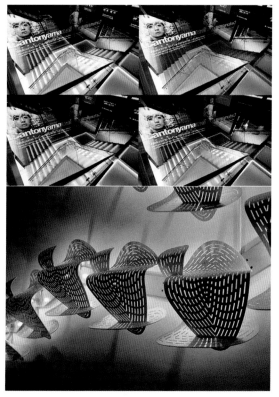

图 2-19

第二节　人工光与自然光

一、将光请进来

我们喜爱自然的光线，人类的眼睛、视觉就是按照适应自然光的模式进化的。因此，自然光是人类最习惯的光线，并且人眼在自然光下灵敏度最高。

天然采光就是在室内空间中，通过不同形式的窗户和建筑构件导入自然光，使室内形成一个合理而舒适的光环境（图2-20）。窗户的大小，玻璃的颜色、反射和折射等不同条件的组合可产生丰富多彩的室内光环境。自然光对人的健康大有益处，对人的情绪和精神的感染是巨大的。

图 2-20

设计室内自然光环境应注意以下几点：

(1) 考虑当地的气候特征。

(2) 室内窗户的面积和位置。

(3) 对自然光线的人工调控。

二、我们制造光

人工照明就是在室内环境中利用各种人造光源（不同的人工光相混合产生的光色会有变化），通过不同造型的灯具和合理的布置与搭配，营造令人愉悦和富有视觉效果的人工光环境。近几年，人工照明不只局限于满足照明的一般需要，而是向环境装饰照明、艺术照明发展，以满足人对不同光环境的心理需求，其形式主要有整体照明、工作照明、间接照明和装饰照明等（图2-21）。

图 2-21

第三节　室内光环境质量评价

光是人类生命中必不可少的。建筑物成为人行为活动的一部分，而营造一个理想的建筑室内环境，除了考虑空间造型、陈设、家具设备等因素外，还要善于运用各种光线。正确利用光与影、光与色的关系，就可以使整个室内环境充满各不相同的气氛而独具特色。因此，室内的光环境质量是照明设计的重点。

对光环境最基本的要求有：

(1) 明视性：作业面看得清，会使工作安全，提高效率。

(2) 舒适性：保持良好的氛围，愉快的光照便于工作、居住。

(3) 演出性：强调人与物的观赏性，看起来更显眼。

(4) 象征性：利用照明灯和照明对象，暗示存在和某种意境。

为了满足这些要求，不仅限于以照度为代表的量的方面，还包含视野内的明暗、眩光的方向性、阴影的效果、光色效果、反射影响等质的方面。另外，自然光的影响也包含在内。

评价点：

(1) 防止眩光：不让过强的光线直接照射到眼睛。

(2) 处理好室内面积与窗户大小的关系：尽量多地使用自然光。

(3) 合理设置灯光的颜色：让光线接近日光色。

第三章　室内艺术照明设计指导

室内光环境设计已成为室内设计师设计的重要内容之一。室内空间环境不再是用一盏灯来满足人们对光照的基本需求，而把照明作为室内设计的一个组成部分。室内设计师在创意室内设计时从整体构想出发，更多地思考如何运用"光"与室内环境所构成的整体艺术风格，创造舒适的视觉光环境。所以现代室内设计中，"光"的设计不再以光照技术为主，而更多的思考文化艺术的内涵，创造出更有品味和有益于身心健康的室内光环境。

第一节　室内艺术照明设计方法

一、项目分析

每个优秀的照明设计方案源于对项目的分析，其目的是完成和满足各项条件和要求。大众化的照明设计很大程度上只是遵循标准而放弃针对性，而艺术照明设计需要了解照明环境相关的信息，以及它使用的要求、使用者和建筑类型。

1. 空间用途

项目分析的核心是需要了解空间用途，在这个空间环境下会有何种行为或状况发生，其重点是什么。

设计任务的理性分析要得出空间中各类的视觉要求，以及这些要求的特性。有关视觉要求的两个标准——尺寸和细节对比，必须记录或掌握其信息，而满足视觉要求的色彩和表面结构很重要，同时弄清可能发生的动作或者空间排列方式。

2．心理需求

心理需求包括环境的感知、建立时间、天气和提供空间导向。大型建筑内有不同类型的使用者，视觉导向的需求成为重要因素。有序简洁的结构化环境对整体感受很有好处。不同的照明提供不同的功能区域的空间描绘。

二、照明方案

照明方案应当表达出照明所应有的属性。照明方案不必具体到确切灯具或光源选型以及布置。项目分析提供有关单个照明形式的照明质量原则，这些与照明的数量、质量的特性，以及时空的迁移相关。良好的照明设计方案应满足其商业要求，必须满足相关标准的规定以及将投资与运行费用考虑在内。

1．设计

在设计阶段，根据光源与灯具的使用决定灯具和调控、控制装置的安装，还包括照度和费用的计算。光源的类型可以在方案开始就确立，也可以在设计阶段进行选择；灯具可以在选择特定的光源或者灯具标准后进行布置。

2．安装

灯具类型的种类很多，从投射灯到灯具结构件，都无一例外地作为附加元素进行安装。灯具一般安装在轨道或结构件上，悬吊在顶棚下，或者安装在墙体及屋顶表面。下照灯和格栅灯应用范围广泛，设计时必须考虑周全，以满足不同的安装方式。墙体或地板安装灯具必须使用表面安装或者嵌入式安装。

3．维护

照明灯具的维护通常包括光源更换、灯具清洁和投光灯及可移动灯具的重新布置和调节。维护目的是保证原有的设计照度，限制照明光源的光衰减。光衰减的原因可能是光源的缺陷或者是因为反射器上的污垢造成的光输出损失。为了避免光衰减，所有的光源必须周期性地进行更替，对灯具进行清洁。照明设计师的任务就是制定一个维护计划满足要求。

三、深化设计

完成项目分析和照明方案后，下一步就是进行深化设计：决定光源与灯具的选择，灯具的布置和安装。从最初基于照明质量的设计方案发展成细化的设计。

1．光源选择

选择正确的光源是基于照明的需要，而成功实现照明方案的重要因素则包括光影造型力等六项物理及功能标准。

（1）造型力：造型力和璀璨度都是由直接光产生的。紧凑型的光源如低压卤素灯或金卤灯都是很好的选择。对雕塑进行照明时，表现力和材质表面的照明都是非常重要的。

（2）显色性：光源的显色性受到光源光谱的限制。连续光谱可以得到较好的显色性，线状或者块状光谱通常会降低显色性，白炽灯和卤素灯都可以产生高质量的显色性。

（3）光色：光源的光色取决于发射光的光谱分布。实际上，光色可分为暖白光、中性白和日光白。暖白光光源可以强调红黄光谱范围，日光白则用来强调蓝绿冷色系。

（4）光通量：与传统白炽灯和紧凑型荧光灯相比，低压卤素灯光通量值较小。相反，卤钨灯、荧光灯和高压放电灯都具有高光通值，金卤灯的值最高。

（5）光效：光源的经济型取决于光效、光源寿命以及光源成本。白炽灯和卤钨灯光效是最低的，荧光灯、高压汞灯和金卤灯的价值比较高，白炽灯、卤钨灯的寿命最短，荧光灯和高压灯相对较长。

（6）辐射：在展示领域辐射热的问题非常重要。红外线和紫外线辐射都会造成画品的损伤。低光效的光源如白炽灯、卤钨灯很大的一部分转化为红外热辐射和热对流。传统型以及紧凑型的荧光灯的红外辐射量相当低，可以通过使用滤镜来降低红外和紫外部分。

2．灯具选择

光源的选择确定了照明设计方案的光质量。在选定光源范围内照明效果取决于选用此光源的灯具，光源和灯具的选择因此密切相关，光源和灯具会互相限制两者的选择范围。

（1）配光：对于一般照明而言，宽光束的灯具，如下照灯是适宜的，统一的照明能够通过间接照明来获取。但是，对使用单独的照明创造重点效果是例外的。通常重点照明是一般照明的一部分，使观众可以感知空间中的被照物体。重点区域的溢出光一般可以提供足够的环境照明。窄光束的直接照明灯具可以用于重点照明，可调的聚光灯和直接型照明灯具都是理想选择。

直接—间接：直接照明提供漫射和指向性的光，一般照明和重点照明设计可以使直接照明来提供不同类的光分布，通过高对比加强被照物的立体感。

宽光束—窄光束：窄光束或宽光束的光分布根据一般或不同的照明来设计。小于20°光束角的灯具为聚光灯，大于20°角的灯具为泛光灯，宽光束角提供较高的垂直照度。

对称型—非对称型：对称的配光可以提供均衡的照明。配光为宽的下照灯用于垂直面的一般照明。使用聚光灯的情况下，光束较窄，提供高光照明。非对称配光灯具用于提供空间某一面的均布照明，这类灯具中典型的有墙面布光灯和顶棚布光灯。

水平—垂直：水平照明按直线排列可以提供针对用户功能需求的光。例如用于工作区的照明，其主要是提供均匀的水平视觉作业照明。垂直照明部分主要由漫射光来提供，这些光来源于被照亮的水平面。

（2）定制设计：在大多数项目中灯具可以从标准产品中选择，因为这些产品可以在短时间内供应，有着稳定的性能，非常安全。标准灯具可以用于特殊结构，如整合在建筑内的照明装置，如发光顶棚。有些项目会定制照明设计解决方案，或是设计一组新型的灯具。

四、灯具安装

建筑室内空间中安装灯具有两种对立的概念，这涉及照明装置的美学功能和提供照明的各种可能性。一方面，尽可能将灯具与建筑整合，另一方面，在已有建筑上附加灯具，将灯具作为设计的元素之一，两个概念不应成为独立部分，它们是设计和技术的两个极端。另外也可以提供整合在一起的方案和解决办法，为固定或可变的照明装置提供不同选择。

第二节　室内艺术照明设计内容

一、照明方式

1．固定式照明

将灯具嵌入或固定在顶棚和物体上（图 2-22），可选用不同的光源，是可调节的直接照明。灯具的布置必须在设计阶段就要完全清楚，因为嵌入式灯具在施工后期的任何改动都会造成不少的麻烦。

图 2-22

2．移动式照明

有许多方法可以使照明装置实现移动，如安装在轨道上或可支持移动的结构件上的聚光灯（图 2-23）。这类灯具可以随时进行调整更换。

图 2-23

3．整合式照明

整合照明是将灯具隐藏在建筑中，只能看到灯具的开口（图 2-24）。设计集中在灯具产生的效果。整合式照明易应用在各种环境，灯具完全融于空间设计。整合式照明代表的是一种固定的解决方式，只有在照明控制系统或者可调节灯具的前提下，照明才可以进行变化。代表性的灯具是墙体或顶棚嵌入式灯具。

图 2-24

4．附加式照明

附加式照明，灯具作为元素之一出现在空间内。除了要设计这些灯具产生的光效果外，照明设计师需要对灯具进行专门设计，并与建筑设计相结合（图 2-25）。这些设计要考虑灯具与结构系统的和谐一致，也要选择那些对视觉外观产生积极影响的灯具。照明设备的外观应当与环境一致，避免不同灯具类型的混杂造成视觉干扰。典型的灯具有聚光灯、灯具结构体和吊灯。

图 2-25

二、照明要求

（1）标准：要求整体与局部的光线照度符合人体工程学或国家标准。

（2）眩光：对于可调节的灯具，眩光通常因为灯具非正确的调节而引起。对于固定灯具，必须消除直接眩光和反射眩光。

（3）对比显现：按照国际照明委员会（CIE）的标准。

三、照明原则

（1）突出中心。

（2）刻划细节。

（3）勾画轮廓。

（4）表现质感。

（5）节能环保。

第三节　室内艺术照明设计技巧

一、地面

灯具距墙位置的推荐值为灯间距的一半（图2-26）。

图 2-26

二、截光角

截光角越大，灯具提供的视觉舒适性越好，眩光控制也越理想。下照灯同样的照明布局会在墙面上产生不同的光分布，40°截光角在水平照度和垂直照度两方面给予最好的平衡（图2-27）。

图 2-27

三、墙面

墙面布光，灯距墙面的距离应当至少为房间高度的三分之一。在一般的空间高度里，灯间距与离墙距离相等，在较高的空间里，间距可视情况减少以满足照度的要求，墙面布光需三个以上照明灯才能提供理想的均匀度（图2-28）。

图 2-28

图 2-29

四、墙角

下照灯离墙距离推荐值为灯间距的一半。在墙角处安装的灯具应当位于45°夹角线上保证两面墙具有相同的光分布效果（图2-29）。

图 2-30

五、镜面墙

镜面墙的照明需要注意灯布局形式在镜中的反射效果（图2-30）。

图 2-31

六、顶棚

灯具需要有足够的空间高度来获取均匀的光分布。顶棚布光，灯应当安装在视线以上的高度避免直接眩光。离顶棚的距离取决于均匀度的要求，一般为0.8m（图2-31）。

七、物体照明

灯一般在垂直方向30°至45°角范围。入射角越小，三维效果越强烈，当角度在30°时，会被称为"博物馆照射角"，该角度能够产生最高的垂直照度，避免反射眩光以免干扰到观众(图2-32)。反射面中，油画、加框的图像，都要注意入射角度，防止观众视域范围内的反射干扰。要注意避免过重的阴影，如落在画

图 2-32

面上的画框影。

八、水平面

台面或物体表面反射的高亮会导致二次眩光。灯具不应放置在反射角度区内。漫反射的光会减少二次眩光，光束要对准工作面需要避免的阴影处（图 2-33）。

图 2-33

第三部分　室内装饰色彩设计

色彩是增强视觉效果的最佳手段之一，但需要我们在设计中合理地去使用和支配。在室内环境艺术设计中，要善于应用色彩的物理感觉，让室内空间环境从视觉上形成正面的良性的空间心理感受，是室内装饰色彩设计的重点研究内容。

第一章　色彩基础知识

世界上色彩千差万别，每个人的感受又如此的不同，如何能准确地描述色彩，艺术家、物理学家和色彩学家经过长期的研究，创造了用色环和色立体的模型概念来准确定义色彩。

第一节　色彩三要素

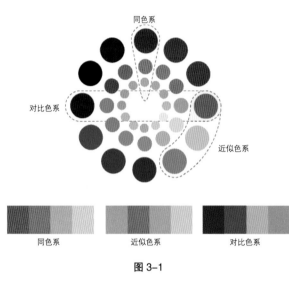

图 3-1

一、色相

色相是色的"相貌"。色彩的特征决定了它的面貌，如大红、柠檬黄、翠绿等。在色环上，我们可以明确地分辨出各种不同的色彩和它们之间的相互关系。在色彩构成的课程中，我们了解了有关同类色、邻近色、对比色、互补色的概念（图 3-1）。

1. 同类色

指在性质上同一并且有一定色差度的色彩。在色相环 30°以内的色彩，由于具有"同类"关系，这些色彩在一起时显得和谐统一，但对比关系较弱。

2. 邻近色

指相邻但性质又不完全相同的色彩。如橙色、红色、黄色。在色相环中指大于 30°，小于 90°范围内的色彩。由于它们的"邻近而不同类"的关系，它们之间的色彩组合较同类色对比更活跃。

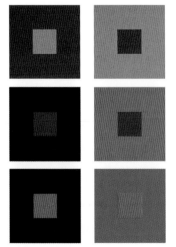

图 3-2

3. 互补色

指在色相环上完全对立的呈 180°直线关系的两组色彩。如红与绿、橙与蓝、黄与紫。

4. 对比色

指区别于完全对立的互补色，但又处于相对立的区域中的两大类色彩的对比关系。由于色彩之间的差距较大，对比关系会呈现出较强烈的配合关系。

二、纯度（艳度）

纯度是色彩的鲜艳程度（图 3-2）。而鲜艳程度又取决于每个色彩的相混程度的多少，尤其是明度灰相混的状况。另外，我们可以通过色立体的概念理解色彩的纯度关系。越是临近平面色相环外围的色彩纯度越高，颜色越艳；反之则越低。纯度可分为：

1. 高纯度

指色彩对比关系体现鲜艳、饱和、强烈、个性鲜明的特征。

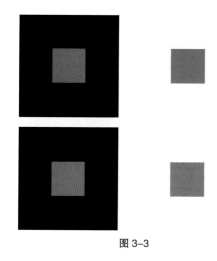

2. 中纯度

指色彩对比关系显示稳重、调和和厚重。

3. 低纯度

指色彩对比关系虽有时显沉闷乏味，但也往往含蓄、神秘。

三、明度

明度是色彩明暗关系的反映（图 3-3），一般情况下我们用黑、白、灰的色彩来表述。如淡黄色的明度较高，而红与绿虽然并列在一起时区别明显，但在黑白状态下却几乎是一样的明度。明度分为高、中、低三个等级。

图 3-3

第二节　色彩属性

一、冷暖色

通过试验和分析，科学家发现波长长的颜色，如红、橙、黄有使人兴奋的作用。长时间观察这些颜色，人体会出现心跳加快，血压升高的现象。因此人们觉得这些颜色给人以温暖感，称为暖色。反之，蓝、绿、紫等色让人沉静下来，称为冷色。

在环境设计中，合理的使用冷暖色，会让室内冬天充满暖意；夏天充满凉爽。人类对冷暖色的主观感受与实际温度相差 3 ~ 4℃（图 3-4、图 3-5）。

图 3-4

图 3-5

二、中间色（无彩色）

凡是黑、白和各种深浅的灰都属于中间色，中间色没有色相和纯度，只有明度变化（图3-6）。

三、金属色

金属色有金色、银色和各种合金色，其中以金色使用较广泛。银色特性较冷，易于与冷色相配，效果理性、坚毅，与暖色相配变为浅灰色（图3-7）。

图3-6

图3-7

第三节 色彩工学

图3-8

一、色彩的联想

联想是每个人自然具备的一种思维能力，想象过去的经验知识，也可以想象未来。联想虽没有实际经历，但可以推想未来事务。现实的色彩是激发联想的条件之一。这种联想也因人而异，与人们的生活经验有关，可分为抽象联想与具象联想。

1. 红色

红色容易引起注意，具有较佳的明视效果（图3-8），所以在商业空间中广泛运用。有活力、积极、热诚、温暖、向前是它的联想。另外，红色也常用来作为警告、危险、禁止、防火等标识用色。

2. 橙黄色

橙黄色明视度高，常用作警戒色，如警察背心、救生衣等。因明亮刺眼，容易给人低俗的感觉，所以应用时要注意选择搭配的色彩和表现方式（图 3-9）。

3. 绿色

绿色传达清爽、理想、希望、生长的联想。因有缓解视觉疲劳的作用，许多工作环境采用绿色。一些医疗机构也常用绿色来作空间色彩规划（图 3-10）。

图 3-9

图 3-10

4. 蓝色

蓝色给人沉稳、理智、准确的联想，在工作环境中大多有蓝色运用。另外，蓝色也代表忧郁，是受西方文化的影响（图 3-11）。

5. 紫色

紫色具有强烈的女性化联想。在室内设计中，紫色受到相当的限制，除了和女性有关的环境之外，一般不作为主色（图 3-12）。

图 3-11

图 3-12

6．褐色

褐色通常用来表现原始材料的质感（图 3–13），如麻、木、竹，或强调古典优雅的环境。

7．白色

白色有高级、科技的联想，常给人寒冷、冷峻的感觉。所以，在使用白色时都会掺一些其他颜色，如牙白、乳白、米白等。白色是永远的流行色，可与任何色彩搭配（图 3–14）。

图 3–13

图 3–14

8．黑色

黑色有高贵、稳重、科技的联想，许多工业产品都用黑色。在室内设计中，常用黑色塑造高贵的形象。也是永远的流行色，可与任何色彩搭配（图 3–15）。

9．灰色

灰色有柔和、高雅的联想。因其表现出的中间性，男女都能接受。灰色也是永远的流行色，可与任何色彩搭配（图 3–16）。另外，灰色也常有朴素、沉闷、呆板、僵硬的感觉。

图 3–15

图 3–16

在社会活动中，人们普遍地对某色彩的共性联想，约定为某种特定的内容，这种情况成为色彩的象征。色彩的象征通过历史、地理、宗教、社会制度、风俗习惯、文化意识、身份地位等显示出来，但在民族与个人之间也存在差异。

二、色彩的感觉

人们在长期的与色彩世界共处的过程中，由于主观感觉与客观环境联系的经验建立，逐渐形成了对色彩的物理感觉特性。

（1）温度感：指不同的色彩带给人的不同的温度感觉，如红色、黄色等使人感觉热或温暖，蓝色、绿色使人感觉冰冷或清凉。

（2）距离感：表现为色彩具有前进或后退的感觉效果。这与色彩的明度、色相有关。一般来说，明度高显前进，暗显后退；暖色显前进，冷色显后退。

（3）体量感：当有色的物体体积看上去比实际大一些时，其色称为膨胀色；反之称为收缩色。这种情况主要受人的视觉错觉影响。膨胀与收缩的主观感觉变化是实际的4%。深色有收缩感，浅色有膨胀感。

（4）重量感：一般情况，物体的重量感受色彩明度的支配。明度越高感觉轻，反之感觉重，这是利用人的心理错觉。

第二章　室内色彩与环境

色彩是人们在室内环境中最敏感的视觉感受，那么根据室内设计的主体构思，确定室内环境的主色调至为重要。但是很多设计花了很大的代价，却没有达到预期的效果，这当中原因固然多样，但是有一个相当重要的因素被忽略，那就是色彩。室内环境装饰色彩是一个既复杂又有趣的问题。它是一种语言，又是一种情感表达的方式，因此掌握室内空间环境色彩的主要功能和色彩运用原理是十分重要的。

第一节　色彩的作用

色彩的作用是非常复杂的，在各种领域都有其各自的规律，并有各自的着眼点。这其中重要的一个原因就是人对不同的事物的主观要求不同，生理及心理的适应框架不同。在室内环境中，色彩的运用除了满足美感的因素外，更重要的还是安全、健康、方便、舒适的功能。在空间环境中，色彩扮演传递信息和营造环境氛围两个功能角色。

一、色彩的诱目性

眼睛没有看任何物体（图3-17），而被色彩自身的性质引起注意的特性称做诱目性。在设计时，经常利用色彩的诱目性特点，来达到引起人注意的作用。

图 3-17

二、色彩的认识性

眼睛容易认出预想的物体存在的性质称做认识性。多种色相的高纯度色彩，在黑色和白色背景下测量认识距离，背景不同其效果完全不同，反映出色彩的认识性取决于色彩与背景条件。明度对比大，认识性强，就像看彩色图片或彩色电影比看黑白的更易于理解（图3-18）。

三、色彩的可读性

眼睛阅读文字时易于读出的性质称做可读性。色彩的可读性体现在色彩图形与背景的明度差别上。差别大，色彩的可读性强。可读性最强的色彩组合是黑色和白色，但是白色背景上的黑色图形和黑色背景上的白色图形相比，后者更容易被读出。这是由于黑色有后退的视觉效果，从而提高眼睛对白色的灵敏度。在有彩色和无彩色的组合中，背景上采用高纯度的有彩色更容易被读出，如蓝色背景上的白色可读性最强（图3-19）。

图 3-18

图 3-19

第二节　室内色彩环境

一、材质、光照与色彩效果

室内色彩环境，是与室内装修用材料的肌理、质感以及照明的方式有密切关系的。质感的粗、细、滑、涩，肌理组织特有的效果，都会影响色彩的变化和色彩心理感觉的变化。即使颜色相同，但材质、肌理不同，在光照下，其产生的色彩效果是截然不同的（详细内容见第三章）。

因此，在进行室内装修设计选用材料和照明方式时，应从整个设计效果（包括色彩效果）来考虑。如室内大面积使用表面光洁的材料，会产生很强烈的发射光，引起视觉干扰和疲劳，而容易错误判断色彩（图3-20）。又如室内环境过多地选用粗糙材料，因其吸收光线过多而造成室内色彩感觉郁闷不畅，甚至材料性质的软硬、反光强弱等所产生的冷暖效果，有时会压倒色彩的冷暖效果，这是从有色彩的物体上发射出来的有色光线，使其他物体的色彩发生各种变化所致（图3-21）。

图 3-20   图 3-21

二、色彩反射与环境艺术效果

每一种有颜色的物体在光的照射下都会向周围空间反射它的色彩,如果这个物体是红色,它反射的红色光线落到近旁的一个白色物体上,后者就表现有淡红的颜色。如果反射的红色光线照在绿色物体上,后者就会呈现某种灰色,因为绿色和红色会互相抵消。如果反射的红色光线照在黑色上,就会出现黑棕色的颜色。物体表面越光滑,这种反射越明显(图 3-22)。

图 3-22

第三节　室内色彩环境质量评价

室内装饰色彩的运用要按设计的意图,从环境空间整体上进行综合考虑。但是按基本原则来说,空间用色都是上浅下深,根据色彩重量感,使环境色彩造成一种安定、稳定的感觉。色彩的运用有统一与对比的关系,而且应以协调统一为主。评价点:

一、色彩的协调

色彩的协调，就是两种以上的颜色相处时所产生的效果的和谐。一般要使色彩和谐，通常采用相近的色彩的组合，或者用相同明暗的不同色彩的组合。实际上就是色阶的适意和不适意或有吸引力和无吸引力。

二、主观色调

所谓主观色调，就是指设计者本人的色彩观，这与当事人的个性、爱好、思想、感情密切相关。所以每个设计师的设计作品，采用的色彩结合是不会相同的。

三、色彩的装饰效果

室内设计师容易被自己的色彩倾向所左右，这样就可能导致设计效果的失误。为了问题的解决，一定要遵循必要的色彩客观规律。例如肉店，就可以用淡绿色或蓝绿色装饰，以使各类肉食显得鲜艳和红润。糖果点心店的装饰最好用浅橙色、粉红色、白色和黑色来衬托，以刺激对糖果的食欲。

四、色彩美学的客观性

依据色彩美学要求，装饰色彩设计要按有关色彩学的规律进行设计。

上述评价点说明客观规律知识对于正确评价和使用色彩是非常必要的。

第三章　室内装饰色彩设计指导

室内环境艺术设计是综合性的，涉及空间、材料、光影等多方面内容的设计。通常空间体量较大，所以其装饰色彩设计不像平面设计那样可以突出戏剧性效果，在考虑色彩设计时多以统一协调作为主要基调，但在配色上一定要有对比关系，来达到良好的设计效果。

第一节　室内装饰色彩设计方法

一、色彩的对比

当两种及两种以上的颜色同时被人眼感受，而感受到的是颜色之间有明显的差别，呈现对比效果，称为色彩对比。

1. 明度对比

明度对比呈现出明朗的黑白效果，且最善于表达空间感和层次感。明度对比的配色关键在于明度级差的确定。一般来说，一个方案中应同时有白色和黑色，并且两者之一是空间中的背景色，占据大部分面积。经典的明度对比空间常以白色为主要色彩，大部分界面、主要家具、隔断是白色（图3-23）。因为白色在光的照射下可以依据物体的形状产生许多光影层次，无异于形成了许多深浅不同的灰色。

图 3-23

反之，黑色吸光，产生的灰调层次少许多，空间显沉闷空洞。

在明度对比中，也可以酌情配入其他色彩，甚至是纯色。因为黑白对比是对比关系中最强烈的，其他色彩只要面积不要过大，一般不会影响主调。

总之，以明度对比为特征的色彩设计，给人感觉强烈，有视觉冲击力，但过度的对比易引起视觉疲劳，所以使用明度对比要注意色彩的面积比例、位置。如果加入中间明度级的颜色会使空间更加丰富、细腻。

2．色相对比

（1）互补色对比：

互补色是指位于色相环上的两色，其夹角为180°时变为互补色。从色彩理论上来说，互补色相混合呈现中性深灰，在视觉和大脑中产生一种完全平衡的状态，这种现象叫眼睛的视觉生理平衡。这样两色并置时会加强对方的色彩，如蓝与橙、红与绿。

互补色对比相对于其他对比，其效果更强烈、更丰富、更完美、更有刺激性，是极端强烈的对比。由于它能形成视觉生理平衡，两色之间的关系是既对立又统一，因此，在使用时要加倍小心。以下是几种常用的方法：

1）以某一色相为基调，提高纯度，占据主导；同时将它的补色纯度降低，居次要位置（图3-24）。

2）主体面积的颜色用低纯度色，可以是一种，也可以两种补色都用；高纯度色占据较小面积（图3-25）。

3）当两补色纯度较高时，大量配入无彩色，特别是用无彩色勾勒边缘使两补色不直接接触，会使色相纯度增高且有光感（图3-26）。

图 3-24

图 3-25　　　　图 3-26

图 3-27

4）让两补色你中有我，我中有你（图 3-27），如在红色块中加入小面积绿色，而在绿色中又点缀小块红色。这种方法会产生极强的对比，令人目眩，极富装饰性。

（2）冷暖色对比：

冷暖对比是色感最佳的色彩组合。冷暖对比能形成有趣的空间效果。由于冷色有后退感，暖色有前进感，因此，如果在同一平面上施以冷色和暖色就可以形成丰富的层次感，使平面有一种立体效果。这种视觉扩张和收缩，令环境的视触觉、空间感、面积感都在矛盾中产生许多微妙的联系，让冷暖色对比更加富有魅力（图 3-28）。

冷暖对比适用于许多类型的室内空间，如餐厅、宾馆、娱乐场所以及住宅。

3．纯度对比

纯度对比的重点在于在同一空间中高纯度色所占的比例。一般地说，供人长时间停留的室内，高纯度色的面积不宜过大，会引起视觉疲劳；反之，在一些交通流量大、人行快捷的空间，用高纯色可以形成视觉中心，引起注意。以下是几种常用的方法：

（1）同一色的纯度对比：

会呈现出强烈而单一的色彩个性，如红色和深红、粉红色相配合。此方法效果和谐一致，主题鲜明，易于掌握（图 3-29）。

图 3-28

图 3-29

（2）纯色与无彩色对比：

此方法效果爽快、明朗，在大面积的无彩色背景中，主题色显得肯定，易形成视觉冲击力，是容易掌握且出效果的方法（图 3-30）。

（3）高纯色与不同色相的低纯色对比：

这种对比会形成有趣的色彩效果，但对配色的比例、浓淡等方面的技巧有较高要求（图 3-31）。

图 3-30

图 3-31

二、色彩的调和

色彩调和与色彩对比相反，色彩调和的意义在于把明显有差别的色彩经过调整而形成和谐统一的色彩搭配，也可以通过控制色彩某些方面的属性，使色彩人为地组合构成符合设计目的的色彩关系。常用技巧有三种：

1. 色相趋同

此方法取类似或同一色相颜色，以不同的明度或纯度关系产生对比（图 3-32）。类似色相或同一色相的配合最易营造协调一致的效果。相近的颜色使空间产生单纯、简洁的美感。如果明度接近，纯度有差别，会有优雅、柔和的效果。如果纯度接近，明度形成对比，空间会显得爽快、纯粹。

2. 明度趋同

此方法让各色相的色彩明度相似或一致，以不同的色相或纯度关系形成对比（图 3-33）。明度趋同

图 3-32

图 3-33

在环境艺术设计中应用得较少。因为明度差是产生空间感的主要方法，环境中如果明度过分一致，会影响空间的塑造。但是在一些局部的空间中，将色彩的明度拉近，会使色彩呈现更独特的效果。

3. 纯度趋同

此方法是保持各色彩的纯度接近，用不同的色相或明度关系对比（图3-34）。纯度的差异一般不容易引起人们的注意，常常察觉不到色彩在纯度上的微妙变化。在环境艺术设计中，一个色彩纯度接近的空间往往让人感到的是它的明度对比或色相对比。高纯度常用于娱乐场所；低纯度的环境给人高雅、朴素感。

色彩在低纯度时，色感都比较弱，色彩之间主要呈现明度对比。因此，低纯度的色彩配合在明度上一定要拉开差距，而高纯度色彩配合不要使色相过分对比。

注意原则：室内装饰色彩设计的配色规律由最大面积开始，从大到小依次着手确定。其间，合理地穿插中性色调有助于色彩的谐调。

图3-34

第二节 室内装饰色彩设计内容

一、背景色

背景色是一个室内空间中大块面积的表面颜色，如地面、墙面、顶棚。背景色决定了整个空间的色彩基调。大多数情况，背景色多用柔和的灰调色彩，形成和谐气氛（图3-35）。

二、主体色

主体色主要指大型家具和一些大型室内陈设所形成的大面积色块，它在室内色彩设计中较有分量，如沙发、桌面、装饰品等。主体色配色方式有两种：

（1）形成对比：选用背景色的对比色或是背景色的补色作为主体色（图3-36）。

图3-35   图3-36

（2）达到协调：选择同背景色色调相近的颜色作为主体色（图3-37）。

图3-37

三、点缀色

点缀色是指室内空间里小型易于变化的物体色，如灯具、织物、艺术品和其他的软装饰等（图3-38）。室内环境需要点缀色是为了打破单调的环境，所以点缀色通常选用与背景色形成对比的颜色。如果运用恰当，可以营造戏剧化的效果，但在设计过程中，点缀色常常被忽视。

图3-38

总之，三者之间，背景色作为室内空间的基础色调，提供给所有色彩一个舞台背景，它必须合乎室内的功能，通常选用低纯度含灰色成分较高的色彩，增加空间的稳定感。主体色是室内空间装饰色彩的主旋律（有时也将墙面、顶棚处理成主体色），它体现了室内的性格，决定环境气氛，营造意境。它一方面受背景色的衬托，一方面又与背景色一起成为点缀色的衬托。点缀色作为最后协调色彩关系的中间色是必不可少的，点缀色的巧妙穿插，使空间色彩层次增加，丰富了对比。

第三节　室内装饰色彩设计技巧

一、利用材质

在现实的空间中，色彩从来无法抽象而绝对地出现，它一定是附着在某种材质上呈现在人的眼前。

材质的不同不仅在于它的花纹肌理，也不仅在于其千差万别的触觉感受。材质表面的质感粗糙或光滑可以明显地影响色彩感受，此现象被称为视触觉。

1．粗糙与光滑

材质的表面有很多种处理方式，即使是同一种材质。如石材，抛光的花岗石表面光滑，色彩和纹理表现清晰；而火烧的花岗石表面粗糙，色彩纹理混浊不清。

材质表面的光滑度或粗糙度可以有许多不同级别。一般来说，变化越大对色彩的改变越大。因此，许多现代主义设计师在设计中为了表现空间，尽量抑制不同的色彩组合，有时甚至用纯白"一统天下"。但他们同时十分重视不同材质的运用，即使是同一颜色。

不同的材质，不同的加工工艺，使色彩产生丰富的微妙变化（图3-39），让细节更耐看。

注意：粗糙的材质表面由于杂乱的扩散反射会使色彩纯度降低，但是明度变化相反。多数情况下，浅的光滑表面变粗糙后会变深，反之会变淡。

图 3-39

2．表面肌理

肌理是指材质自身的花纹、色彩及触觉形象。自然界的肌理有很多种，大多美丽自然，是人工难以模仿的。合理巧妙地利用材质天然的肌理、色彩，会使设计效果事半功倍（图3-40）。另外，对材质表面的二次处理也会影响肌理花纹和色彩的表达，如木材表面刷清漆。亮光漆的视觉色彩比亚光漆的视觉色彩鲜艳，且纹理更清晰。

二、利用陈设品

室内陈设是指那些室内以装饰功能为主的物体，包括各类软装饰、雕塑和装饰物等。

1．大型陈设

大型陈设无论从面积还是引人注目方面都是室内装饰色彩中需要关注的重点，它们有时形成室内的主体色，对色调起一定的决定作用。由于它的装饰功

图 3-40

能，其常常被放在较重要的位置，如主景墙前、厅堂的中央、人活动的核心空间。有时也作为空间转换的标志，放在楼梯入口或电梯口附近。

大型陈设将空间的主题，精神意义表达出来。它的色彩既要与周围环境一致，又要跳出背景，形成"主角"。其用色方法有：

（1）和谐一致：

陈设品造型要一致，用色与环境背景色相似（图 3-41）。为避免平淡，可以通过提高纯度，加大明度对比来达到突出。

图 3-41

（2）对比关系：

选用环境色的补色或对比色，可以是冷暖对比，也可以是明度对比（图 3-42）。

2．中型陈设

中型陈设由于面积较小，位置从属，对其限制也较少（图 3-43）。一般方法是使之与室内风格配合，协调多于对比。

图 3-42

图 3-43

3．小型陈设

小型陈设是室内设计的精细局部。由于形体较小，它的色彩效果不会影响整体色彩效果（图 3-44）。多数情况下，用色可以比较活泼，甚至选用高艳度的色彩，如背景色的补色，对比色，其色彩可以丰富整体空间的色彩效果。

4．软饰物

室内中的软饰物，一般包括地毯、窗帘、帷幔、软隔断、百叶帘、各种布艺家具罩或套、卧具和一些布艺垫子等，可以随时更换。软饰物如果在室内占据一定面积之后，就可能相当大地影响室内的色彩效果（图3-45）。例如：根据四季更换窗帘、沙发罩和小饰物的颜色，冬季用暖色，夏季用冷色，会让人感觉室内冬暖夏凉。因此，软饰物色彩的多种搭配可以极大地改变室内的色彩特征。

图3-44   图3-45

三、依据空间功能

在室内设计中，色彩既要满足空间的功能要求，又要创造美学情趣。具体设计时，通过对空间功能要求的了解，从色彩的关系特征和知觉特征进行分析，再确定设计方案，是室内装饰色彩设计的关键。

通过色彩可形成的功能性表达，在设计时可以利用。例如：用不同色彩设计交通空间和工作空间，即明确了不同功能区域，又对组织交通起了帮助。我们也可以将楼层设计成不同的色彩。色彩本身完成标识功能，对于经常出入的人不用看楼层牌就知道几层了。以下是常见功能空间的用色方法有：

1．厅堂类空间

这类空间包括各种门厅、中庭、过厅、电梯厅、休息厅和大堂等，此类场所常作为建筑的交通枢纽和综合服务空间。因此，色彩设计既要表明室内环境的主题，又要成为联系各部分空间的纽带（图3-46）。

图3-46

根据其功能特点，空间背景色宜选用低纯度的色调，在局部重点位置可选用浓重醒目的色彩。此外，对于过厅、电梯厅这样功能较简单的空间，主体色不宜与背景色形成过强对比，要与周围环境色调柔和衔接。

2．商店类空间

因商店内有许多柜台、展架，室内的界面多被遮挡，露出来的主要是顶棚和地面。所以，商业卖场以突出商品为主。界面作为背景，不宜用艳色，特别是地面，宜选用低彩度、低明度的色彩，也不宜多色相的复杂配色（图3-47）。

图 3-47

3．餐饮类空间

色彩对人的食欲影响最大。黄色系列是公认的最具食欲的颜色，使人产生香、甜的味觉感（麦当劳、肯德鸡快餐室内用色是最好的佐证）。与之相反，食物在蓝紫色光照射下，会貌似腐烂的颜色，食欲全无。所以，餐饮类室内环境宜选用暖色系作为主体色，而背景色宜选用白色，因为白色可以很好地搭配各种色彩，也因白色带来的清洁联想（图3-48）。

注意：在餐饮类室内中最好选用暖色光源照明。

图 3-48

4．文教办公类空间

对于教室这种特定的功能空间，在色彩设计上宜选用高明度、低彩度、反射系数低的色彩。这样有利于提高室内照度和光线均匀度，但用色不要超过三种，宁静、清爽的冷色调是最佳选择。

办公空间的用色原则以体现简洁、明快、高效、快节奏的办公功能为主。对于开敞式大办公空间，

室内环境艺术设计指导

宜用中、高明度色作为基色（图 3-49），在局部小空间用中、低明度色彩区别。另外，也可以利用不同色相的色彩来区分不同功能区域，如工作区、通道、洽谈区、休息区等。而单间式的办公室，宜选用木色与冷色系的搭配。金属色是很好的点缀色。

图 3-49

第四部分　室内环境图形设计

环境图形是指在特定的环境中能明确表示内容、性质、方向、原则以及形象、装饰等功能，主要以文字、图形、符号、形态、动态图像、三维体等构成的视觉图形图像系统。它是营造环境整体艺术性的重要部分，融功能性和装饰性为一体。因此，在进行环境图形设计时，必须考虑其系统性和整体性。

环境图形设计涉及图形设计、建筑设计、室内设计、景观设计和工业设计等众多领域的设计规则，不仅与视觉传达、标识识别和信息传达相关，并且还要有空间设计的意识。

第一章　图形设计基础知识

在图形设计中，存在着各种各样形式不同的图形符号，这些图形符号不同程度地表达多种信息。

第一节　图形符号及分类

广义上讲，在二维平面上所传达的视觉图像，都可以称为图形，如文字图形、风景图形、动物图形、器物图形和几何图形等。狭义上讲，图形是指通过运用"图形语言"以形寓意，以意生形，用图形来表达设计师的创意、理念和思想或某种特定的目的。

所谓"符号"就是一种可通过视觉、听觉所感知的对象，如文字、音符。而现代图形设计所说的"符号"是指现代媒体把信息与某种事物连接，使一定的对象代表一定的事物，当这种规定被大众集体所认同，从而成为这个大众集体的公共约定时，这个对象就成为代表这个事物的"符号"。其分类是：

一、象征性图形符号

象征性图形符号是使用某种感性的符号或标志，通过暗示和启发人联想的方式，象征性地表现作为艺术主题的某种观念或情感内容（图4-1），如抽象雕塑、陈列品等。也可以采用色彩、图形来暗示、提示表达某种事物。

此外，象征性的图形符号对于接受者，其理解是不一样的，是由于文化背景、宗教信仰、社会等级等因素的差别，导致接受能力的不一致，如对色彩符号的理解，不同国家和地区的理解完全不同。"红色"在东西方的理解完全不同，东方象征喜庆吉祥，西方象征恐怖血腥等。

图4-1

二、形象化图形符号

这种图形符号的共同特点是鲜明、生动、具体、清晰，以写实的形象去表现其内容，形象与内容的传达是一致的。其所取的形象都是在自然界能找到原型的，或是与其表现的事物和形象相关联（图4-2），如公共场所的指示符号，餐馆的店面符号等。符号本身没有给人以联想和任何暗示的含义，它所传达的就是符号所表现的事物的本身。

图4-2

三、概念性图形符号

这种图形符号的特点是根本不具有直接呈现感性直观的具体形象，它是依靠思维和语言实体的抽象符号，用概念和词语组成（图4-3），如交通标志符号就是一种公认的概念性图形符号。它和任何形象无关，不可能从暗示和直观上去理解，只能强迫性接受。

图4-3

第二节　图形符号的特征

一、视觉性

图形设计要求图形符号能说明和表达一种信息，所以图形符号的视觉性要求很强，要有一定的面积感和分量感，要简洁、明了（图4-4）。

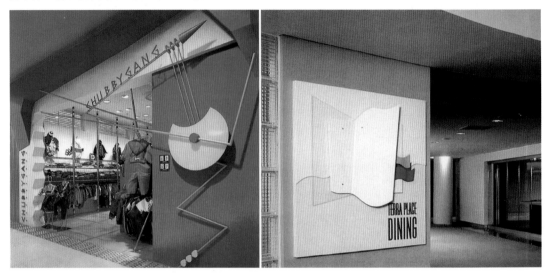

图4-4

二、概念性

用图形符号的手法表达某种事物，必须要赋予这个图形符号某种概念（图4-5）。

图4-5

三、多层性

图形符号一般都有两层的意义。一层是让人产生无边的联想；一层是实实在在地表达一种事物。如奢侈商品的LOGO，既让人看见产生财富和地位的联想，又让人想到某件喜爱的商品，所以就有了抽象和具象的多层性（图4-6）。

图 4-6

四、多意性

指一个图形符号包含了多种的理解含义（图4-7）。

图 4-7

第三节 图形设计的现代审美

现代图形设计的"审美"与往日的经典审美理想是相异甚至相悖的,它脱离了经典美学原有的"高贵"性与精神内涵,而更趋平面化、视觉化。19世纪的康德认为"奢华是人对物质欲望的满足的过度",反对感官能力的满足凌驾于人的精神满足之上,这成为理性主义美学的标准陈述。当时的审美理想与物质欲望无关,也与功利无关,而仅仅表现为精神的超越与意义的飞升。而在今天,理性主义美学所反对的过度享乐的生活正在不断地软化着我们理性审美的神经,这反映在人们日常生活的视觉性表达和视觉性满足。其表现为:

无论是私人环境还是公共环境,"美"的形象多数被斑斓的色彩、迷人的外观所装扮着(图4-8),"眼睛的美学"替代"心灵的美学",彻底颠覆了康德时代的精神层面的美学理想,而对日常生活的感官享乐的合法化、艺术与非艺术界限的模糊,更加剧了这种审美意识的变迁。于是,审美开始由它对日常生活的命名效能来获得,而不再向精神的深度靠近。

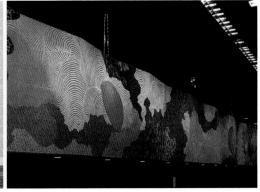

图4-8

视觉图形的创作与消费,构成了这个时代日常生活的美学核心。功能性质已不再是首要的,而那些游离于功能性质之外的、影响视觉感受的因素变得更加重要。其表现特点有:

(1)非功能性。视觉图形依赖其可视性,特意突出人的消费和消费能力,物的外观带给人的形式感受与其日常功能相分离(图4-9)。

图4-9

（2）视觉图形设计对现代科学技术高度利用，审美享受由所看对象的技术构成因素来决定，反过来图形产品也具有无限的可复制性，技术手段越来越掌握我们生活的美学话语权（图 4-10）。

图 4-10

（3）大众传媒充当了视觉图形生产的主力军，而且不约而同地把日常生活的审美转化作为主要焦点（图 4-11）。

图 4-11

在今天的审美价值评判标准中，视觉图形越来越向享乐主义靠近，这使得精神性的"美学"趋于平面化，同时也更像是一种消费。当"小资"成为一种让人趋之若鹜的品味与格调，我们可以清楚地看到：这个时代富有享乐性质的美学观在不断地纵容征服性的消费和自我安慰式的快感，视觉图形的创作与消费从未显得如此重要过（图 4-12）。

图 4-12

第二章　环境图形设计

现代社会环境是由三类环境总体构成：自然环境、社会环境和符号环境。当代，以视觉为中心的图形符号文化传播系统正向传统的语言文化符号传播提出挑战，并使之日益成为我们生活、学习、娱乐、休息环境的重要组成部分。可见，现代文化正在脱离以语言为中心的理性主义形态，在现代传播科技的作用下，特别是在数码技术、多媒体技术、网络技术三者合力作用下，日益转向以视觉为中心，特别是以环境图形为中心的感性主义形态。环境图形文化传播时代的来临，不但标志着一种文化形态的转变和形成，也标志一种新传播理念的拓展和形成。当然，这更意味着人类思维范式的一种转换。

第一节　环境图形的视觉导向

视觉导向是环境图形在环境中的一个基本功能，如标志、路标、标牌等。在视觉上装饰环境空间，在功能上服务于社会大众。其导向作用可从以下几方面理解：

(1)传达准确的环境信息，是环境图形设计的基本要求。根据要求需要制定一套合理的视觉表述语言，按统一规则、比例，准确地标明场地的距离、位置等信息。

注意：处在空间环境中的图形需要简洁的图形语言来表达其功能性（图4-13）。

图 4-13

（2）让大众对空间环境信息能够快速识别，是环境图形设计的主要目标，其要求具有国际规范化和地区统一性，确保能够易读易懂，快速传达信息（图4-14）。

图 4-14

（3）要与整体环境相和谐，是对环境图形设计的深层要求。同时，注重图形系统的独特性和地域性及文化的传播也是十分必要的（图4-15）。

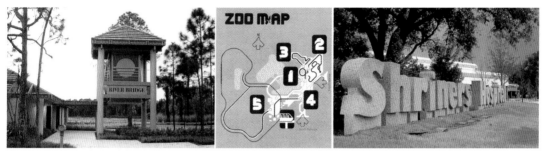

图4-15

总之，环境图形设计要与整体空间视觉环境、人文环境相协调，真正融入其间，共同提升建筑空间环境的形象。

第二节　环境图形的信息传达

一、图像传达

图像图案是图形主要的构成要素，它能够形象地表现主题和创意。表现形式有写实、象征、漫画、卡通、装饰、构成等手法。

用视觉艺术语言来传播信息，它具有形象化、具体化、直接化的特性，是一种世界性的语言，人人都可以看明白。环境图形设计是在建筑空间整体设计的指导下进行，表现的内容要紧紧围绕主题，突出个性，设计创作新颖的、有诉求力的图形语言。"奇"、"异"、"怪"的图形并非是设计师追求的目标，通俗易懂、简洁明快的图形语言，才是达到强烈视觉冲击力的必要条件，以便于公众对主题的认识、理解与记忆（图4-16、图4-17）。

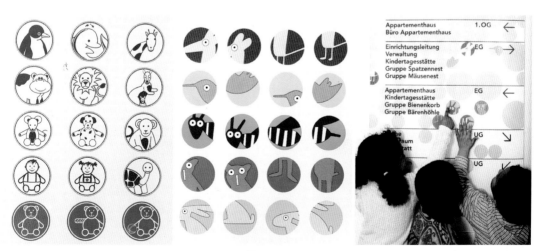

图4-16

图 4-17

二、文字传达

文字是图形中不可缺少的构成要素，配合图形来实现主题的创意，具有引起注意、传播信息、说服对象的作用（图 4-18）。

标题是文字传达中的关键元素，即为题目，有引人注目、引起兴趣、诱读正文的作用。标题文字在环境中的位置及造型，根据不同的主题环境，配合图形造型的需要，选用不同的字体、字号，运用视觉艺术语言，引导公众的视线自觉地从标题转移到图形、正文。

图 4-18

三、色彩传达

色彩具有迅速诉诸感觉的作用。它与公众的生理和心理反应密切相关，公众对环境图形的第一印象是通过色彩而得到的。艳丽、典雅、灰暗等色彩感觉，影响着公众对图形内容的注意力。鲜艳、明快、和谐的色彩组合会对公众产生较好吸引力，因此，色彩在环境图形设计中有着特殊的诉求力（图 4-19）。

现代环境图形设计，图像和文字都不能离开色彩的表现，色彩传达从某种意义来说是第一位的。

图 4-19

第三节　环境图形的装饰效果

现代环境图形设计在造型上越来越呈现简洁抽象的表现方式，在设计上存在着明显的几何化倾向，这与现代建筑追求简约的设计理念相符合，其几何化的造型方式很适合现代建筑室内环境的装饰风格。当一件环境图形设计作品在造型手段、人与环境、营造装饰效果等方面考虑到与作品所处的建筑空间环境的结合，那么这件作品在丰富建筑空间环境的同时，也会创造全新的视觉装饰效果，但更要注意设计作品与环境功能的和谐（图4-20）。

图4-20

第三章　室内环境图形设计指导

室内环境图形设计是在传统的平面视觉传达设计的基础上发展而来，它包含了各种视觉图形、图像，既有二维、三维的，也有动态的。其题材从表达文化内涵到彰显造型色彩，从视觉到触觉都给人带来了全新的体验，广泛改观了建筑带来的冰冷感。法国的克莱德·列维·斯特劳斯对环境图形设计作如此的评价："这是一种治疗我们对必须居住的、功能的、功利的建筑的厌恶情绪的极好良药。"

第一节　室内环境图形设计方法

一、确定在空间中的比例

环境图形是处于空间环境之中的，自身有一定的大小。它与整体空间环境的比例关系，影响到环境图形及环境的视觉效果。在具体设计时，要细心地进行细微调整，这种调整虽不易察觉，却对设计的最终效果有着重要的影响。确定比例，必须遵守美学规律（图4-21）。

（1）黄金比例：是一种常用的比例，可以产生视觉均衡性和古典美，东西方通用。

（2）数列比例：是一种利用数学计算得出的比例，在视觉上产生韵律美。

（3）夸张与特异：是一种突破一般比例关系的比例应用，往往能产生意想不到的视觉效果。

图 4-21

二、根据环境选择审美形态

　　环境图形设计除了功能性外，其中重要的一点是艺术装饰作用，让受众产生审美愉悦，而产生美感主要是通过饰物的表面元素（形状、色彩、材质）来传达。人类在长期的社会劳动实践和生活实践中，逐步发现总结了一些产生美感的形式规律，这就是所说的"形式美法则"，其主要内容是：平衡、对比、节奏、韵律、对称、夸张、意境等。

　　因室内使用功能不同，环境图形在设计时所反映的美感形式也要随环境功能而不同。如办公环境，就适用平衡、均衡的审美形式，而不会影响办公空间的宁静氛围；娱乐场所就可选用对比、节奏、韵律的审美形式；商业空间中的意境审美是很好的选择（图 4-22）。

图 4-22

三、是否选用三维形态

　　环境图形设计不能简单地理解为"平面设计"。当然环境图形设计也存在二维的表现形式，而三维形态更广泛地在环境图形设计中出现。现代形态学将"形态"分成：半立体、点立体、线立体、面立体、块立体几个主要类型。

1. 半立体

以平面为基础，将其部分在空间中立体化，如浮雕，具有凹凸层次感和光影效果（图4-23）。

图 4-23

2. 点立体

以点的三维形态产生空间视觉凝聚力，如灯泡、气球、珠子，具有玲珑活泼，凝聚视觉的效果（图4-24）。

图 4-24

图 4-25

3. 线立体

以线的空间穿越形态产生延伸感，如金属线、长条状物，具有穿透性，富有深度效果（图4-25）。

4．面立体

以平面体形态出现在空间环境中，形成构成体，如立面、隔断体，具有分离空间，产生或实或虚，或开或放的效果（图4-26）。

图4-26

5．块立体

以有重量感、体积感的三维实体在空间中产生立体感，如雕塑、景观，具有厚实、浑重的效果（图4-27）。

图4-27

可见，在室内环境图形设计中，根据需要恰当地选用立体形态，能使设计表现力极大地增强。

四、用什么材料来表现

材料在现代设计领域的应用非常广泛。材料被设计师当做最为直接的表现思想与观念的媒介，使其具有全新和独立的价值。在新材料不断出现的今天，材料在艺术设计领域将是不可缺少的重要角色。

环境图形设计过程中，怎样发现材料、怎样运用材料是整个设计过程必须认真思考的。材料存在于我们周围，如何发挥其作用，可从以下方面入手：

1．从材料的自身面貌考虑

任何材料都有自己的物理性。这种物理性反映到设计上是指它的视觉感受（色彩、形状、肌理、透明）和触觉感受（软、硬、光滑、粗糙），我们称之为"外在要素"（图4-28）。

图4-28

2．从材料的内在联想考虑

"联想"也属于物理性范畴，它不过是因视觉感受而反映到人心理的一种活动，是人体工程学研究的内容，如新颖与古老，传统与科技，鲜活与僵硬，我们称之为"内在要素"（图4-29）。

天地万物，都充满了灵性，任何材料都在静默中表达自己。

图4-29

五、视觉形态效果表达

环境图形本身是由多种的形体组合来表达。研究发现，再复杂的形态也是由简单的几何形体构成，而强调视觉效果的环境图形设计作品，要求其具有独特的、奇妙的构成形式，来衬托相应的环境。这就要树立形态意识。

（1）简洁、明快、单纯的形态效果，表达规范性、秩序性、均衡性意识。

（2）单纯、抽象、多变的形态效果，表达虚、实、动、静的状态。

（3）色彩、光影、肌理的形态效果，表达意念性、逻辑性、哲理性、象征性的审美。

第二节　室内环境图形设计表现形式

一、平面涂鸦

涂鸦主要涉及文字，兼有图画，大量出现在城市公共建筑的墙壁上，公共交通的车厢上，其内容大多因兴致所为，匆匆画就，七扭八歪，形同涂抹，故称为"涂鸦"。现在已成为一种世界性的文化现象，在国内的一些大城市也开始有蔓延之势。

涂鸦的表现主要以文字、图案、色彩为主，通常含有幽默、讽刺的内容。在现代城市环境图形设计中，逐步发展成了一种装饰艺术形式，有很多应用到室内环境图形设计中（图4-30）。

图4-30

二、壁面装饰

这里所指的"壁面"不只是建筑的墙面，它包含了建筑室内外所有可以承载图形、图像的界面，甚至家具和陈列品的表面。环境图形设计师常常通过壁面的装饰美化，来营造建筑环境的氛围。壁面装饰的形式多种多样，如壁画、壁毯、纤维装饰物、抽象图案、浮雕等。这些装饰物因自身结构有凹凸的起伏变化，会产生丰富的光影明暗效果，极具装饰性（图4-31）。

图4-31

三、物体写实

写实的环境图形就是利用适当的材质来表达、表现具体自然的视觉标识物。这种标识物是源于所要表现的事物里的，或是对所要表现事物的"复制"，其特点是能够让大众一目了然地理解标识物的指示功能。这种写实的环境图形设计大量地存在于室内外空间环境中（图4-32）。

图 4-32

四、抽象形态

抽象形态的环境图形设计是指在保留原始形态的根本特点基础上做大胆的简化或夸张，使其形象概念化，而不是简单的模仿，这种抽象环境图形要和受众的审美观与认同范围相适应（图4-33）。

图 4-33

五、图案文字

文字本身是一种符号或图案，是传递信息的重要载体。更广泛地说，文字是文化的载体，它是通过文字本身的"形"来传递信息，人们通过对"形"的认识来转化形之外的"音"和"意"。同时，文字本身的精神含义以及文字的特殊审美意境，极大地丰富了环境图形设计的文字表现（图4-34）。

图 4-34

六、静态图像

图像相对文字而言，更能够传递较复杂的信息，不分国家、民族、男女老少、语言差异、文化类别都能普遍地被大众所接受（图 4-35）。

图 4-35

室内环境图形设计首先是着眼于视觉，这在环境图形设计的各个领域中反映出来。而越来越多的超常艺术想象力的环境图形设计作品，在室内外环境中给人以崭新的视觉体验。

第三节　室内环境图形设计原则

由于室内空间环境的不同，对环境图形的设计创意也提出了不同的要求，其针对的设计方法也是多样的，但其设计基本原则是不会变的。

一、讲究形式

室内环境图形设计是一种非常讲究的艺术，无论是具象的，还是抽象的，相比其他造型艺术更注重艺术形式本身。在某种程度上讲，形式美的表现就是它的内容，尤其是那些抽象的装饰性环境图形作品。其方法有：

（1）充分利用形式美所特有的表现语汇，如韵律、节奏、和谐、对比、均齐、对称、渐变、律动、变形、重复等要素。

（2）从传统经典作品中吸取精华，加以重新解构组合，使其具有现代感。

二、注重材料

室内环境图形设计有别于其他造型艺术的特点之一，是选用材料的广泛性，如金属、木材、石材、玻璃、织物、人工合成材料、高科技电子产品等，其艺术的创作构思与表现，需要对使用材料的详尽了解和明白其加工工艺。在某种程度上，设计作品效果的好坏往往取决于设计者对材料的控制力。另外，注重材料自身的美感也是环境图形设计过程的一个重要方面。

三、考虑环境

室内环境图形设计除了纯功能性外，更多的是一种装饰美化环境的人为艺术创作，因此，建筑及室内环境成为环境图形存在的基础。由于室内环境受其使用功能的限制，导致环境图形设计作品处在特定的空间环境中时，会受到室内空间功能的制约和影响。所以说，环境图形设计是适应环境、美化环境的艺术，而环境因素贯穿设计全过程。

四、强调创新

"创新"不是指外部形式的不断变化，而是指内在的因素——思维、意识、格调的更新。

SEGD 是一个非营利性的国际教育组织，主要为在环境图形设计、建筑设计、景观设计、室内设计和工业设计等领域的设计师们提供资源。SEGD 的成员都是在环境标识设计、展台设计、主题环境设计等方面非常优秀的设计师。每年都公布年度环境图形设计奖的获奖名单，该奖每年颁发一次，以奖励致力于推进卓越技术领域的环境图形设计，努力提供最优质的服务环境的设计师。可见，环境图形设计的创新是其发展的必然结果。

打破传统、发现探索、更新思维是每位设计师的重要任务。

综上所述，我国的环境图形设计领域刚刚起步，与国外成熟的设计体系还有较大的差距，但也不要盲目崇外，要保持平常心。立足本民族的文化特点，融合多元的因素，创作具备民族性、国际性的好作品，才是我们的首要目标。

第五部分　室内环境配景设计

室内环境配景设计是指将园林景观和组景方式应用于室内环境设计之中，这种设计形式已经在室内环境设计领域逐步发展起来。特别是在高层建筑、酒店建筑和一些大型的公共建筑之中，将自然景物适宜地从室外移入室内，使室内环境赋予一定程度的园林气息，既丰富了室内空间，又活跃了室内气氛，从而增强了环境舒适感。

室内常用的配景设计有：绿化设计、水景设计、石景设计、园林景观小品设计等。

第一章　室内配景设计基础知识

在室内空间中，运用自然景物和人工造景的方法进行组景，让室内形成相应的景观效果，称为室内配景设计。有较大室内配景设计的建筑，其多有透光的大面积玻璃，来满足配景中植物的光照需求（图5-1）。室内配景设计的出现和快速发展，是室内环境艺术设计的一个新课题。作为一名设计师，有义务掌握和了解相关的知识。

图 5-1

第一节　室内配景设计的基本功能

一、改善室内气氛，美化室内空间

在室内大厅中设置配景，能使室内环境产生生机勃勃的氛围，增加室内的自然气息。将室外的景色与室内连接起来，让人们置身此景中，恍若有回归大自然的感觉，淡化了建筑的生硬、冰冷之感（图5-2）。

图 5-2

二、为较大室内空间创造层次感

在公共建筑的共享空间中，往往在功能上有接待、休息、饮食等多种要求。为了使各功能区域既有联系又有一定的私密性，常利用配景物来分隔大厅的空间（图 5-3）。

图 5-3

三、灵活处理室内空间的联系

在室内空间中，如过厅与餐厅、过厅与大堂、走廊与过厅等空间之间的过渡，常常借助于配景物，从一个空间引到另一个空间，而且能把空间之间的联系安排得自然、贴切（图 5-4）。

图 5-4

第二节　室内配景设计的构成形式

一、以水为主的配景

以水构成的配景，水池是主景，水池边配以景石和绿色植物，水池的形状多是流畅的自由回旋曲线（图 5-5）。

二、以植物为主的配景

以植物构成的配景，通常是用盆栽的植物，根据具体环境功能要求来摆设组合成景，栽种的植物要根据季节来安排（图5-6）。

图 5-5

图 5-6

三、以石为主的配景

以山石构成的配景，通常有锦川石与棕竹相伴成景，黄蜡石组景，英石的依壁筑砌配以水池和植物组景（图5-7）。

四、以园林小品为主的配景

以园林小品构成的配景，通常选用东西方园林景观中的经典模式，如日本的"枯山水"、中国的"苏州园林"、欧洲的"皇家庭园"等（图5-8）。

图 5-7

图 5-8

第三节　室内配景设计的位置安排

一、入口门厅

建筑物的入口处设置配景，可以冲破一般入口的常规感，在占地很少的情况下，能收到良好的空间效果（图5-9）。在设计时要明确三个基本要点：

（1）抓住反映装饰风格的基本特征，来烘托室内气氛。

（2）恰如其分地掌握入口空间的比例尺度，处理好入口交通功能和立面造型。

（3）结合室内环境条件，灵活地确定配景方式。

图 5-9

二、共享空间

共享空间是建筑室内人们公共活动的中心，其空间设计与配景设计都较讲究。如通过使用峭石、壁泉、塑石柱、水池、蹬步眺台、蕨草苔蔓的组合配景，构成一幅精巧的室内景观，创造一个闹中有静的环境氛围。同时，运用室内配景的组合，在建筑室内组成近赏景、俯视景和眺望景，使空间层次更丰富，景观更自然（图5-10）。

图 5-10

图 5-11

三、过厅与走廊

过厅是建筑室内两个功能空间的过渡空间。在这个空间内，常用一些石景或植物组合的小景点缀和补白。走廊是室内的交通空间，通常在走廊的转角处、交汇处和走廊的尽头，采用盆栽植物配景的方式来装饰空间和指引导向（图 5-11）。

第二章　配景设计与室内环境

第一节　组织室内空间环境

形态各异的不同空间通过配景衬托，突出该空间的主题，并利用配景对空间进行分隔、限定与疏导。

一、组织游赏

现代许多大、中型公共建筑的底层或层间常开辟有高大宽敞、具有一定自然光照及有一定温、湿度控制的"共享空间"，用来布置大型的室内景观（图 5-12），景观常用山石、水池、瀑布、小桥、曲径，形成一组室内游赏中心。如广州白天鹅宾馆充分考虑到旅游特点，采用我国传统的写意自然山水园，小中见大的布置手法，在底层大厅中贴壁建成一座假山，山顶有亭，山壁瀑布直泻而下，壁上除种植各种耐阴湿的蕨类植物、沿阶草、龟背竹外还根据华侨思乡的旅游心理，刻上了"故乡水"三个大

图 5-12

字。瀑布下连曲折的水池,池中有鱼,池上架桥,并引导游客欣赏珠江风光。池边种植旱伞草、艳山姜、棕竹等植物,高空悬吊巢蕨。优美的园林景观及点题使游客留连忘返。

二、分隔与限定

在一些对私密性要求较高的环境,为了交谈、看书、独乐等,都可用配景来分隔和限定空间行成一种局部的小环境,但布置时一定要考虑到行走及坐下时的视觉高度。室内环境中花台、树木、水池、叠石等配景均可成为局部空间中的核心,形成相对独立的空间,供人们休息、停留欣赏(图5-13)。如英国斯蒂林超级市场电梯底有一半圆形大鱼池,游着锦鲤鱼,池边植满各种观赏植物,吸引很多儿童及顾客停留池边欣赏,旁边被分隔成另一种功能截然不同的空间,在数株高大的垂叶榕下设置餐桌、座椅,供顾客休息和饮食,在熙攘的商业环境中辟出一块幽静的场所。而这两个邻近的空间,通过植物组织空间,互不干扰。

图 5-13

三、指示与导向

在一些室内空间灵活而复杂的公共场所,通过配景设计可起到组织路线、疏导的作用。主要出入口的导向可以用观赏性强的或体量较大的配景物引起人们的注意,也可用配景物做屏障来阻止错误的导向,使之不自觉地随着配景布置的路线行走(图5-14)。

图 5-14

第二节　改善室内空间环境

室内配景设计主要是创造优美的视觉形象，通过人们嗅觉、听觉及触觉等生理及心理反应，感觉到空间的完美。

一、连接与渗透

建筑物入口及门厅的配景设计，可以起到人们从外部空间进入建筑内部空间的一种自然过渡和延伸的作用，有室内、室外动态的不间断感，这样就达到了连接的效果。室内的较大空间也常透过落地玻璃窗，将室外的景观渗透进来，既作为室内的借景，又扩大了室内的空间感，为枯燥的室内空间带来一派生机(图5-15)。

图 5-15

如上海龙柏饭店用一泓池水将室内外三个空间连成一体。前边门厅部分池水仅仅露出很小部分，大部分为中间有自然光的水体，池中布置自然山石砌成的栽植池，栽植南迎春、苔蒲、水生鸢尾等观赏植物，后边很大部分水体是在室外。一个水体连接三个空间，而中间一个空间又为两堵玻璃墙分隔，因此渗透和连接的效果均佳。

二、丰富与点缀

室内的视觉中心也是最具有观赏价值的焦点，通常以醒目的造型为主体，以其绚丽的色彩和优美的姿态吸引人的视线。多有以植物布置成一组植物群体，或花台、或花池，也有用植物、水、石，再借光影效果加强变化，组成有声有色的景观。墙面也常被利用布置成视觉中心，最简单的方式是在墙前放置大型优美的盆栽植物或盆景，也有在墙前辟栽植池，栽上观赏植物，或将山墙有意凹

图 5-16

入呈壁龛状，前面配植粉单竹、黄金间碧玉竹或其他植物，犹如一幅壁画，也有在墙上贴山石盆景、盆栽植物等（图5-16）。

室内环境艺术设计指导

三、对比与衬托

室内配景设计无论在色彩、体量上都要与家具陈设有所联系，有协调，也要有衬托及对比（图5-17）。苏州园林常以窗格框以室外园林为景，在室内观赏，为了增添情趣，在室内窗框两边挂上两幅中国画，或山水、或花鸟，与窗里画面对比，相映成趣。

图 5-17

第三节　配景设计的美学原则

（1）配景的设计应力求体现室内环境的地域性审美与空间审美（图5-18）。

图 5-18

（2）配景的设计应符合室内环境的人文性审美（图 5-19）。

图 5-19

（3）配景的设计应能最佳烘托、映衬室内环境的主题美（图 5-20）。

图 5-20

（4）配景的设计应同时具备自然的真实性审美（图 5-21）。

图 5-21

第三章　室内配景设计指导

第一节　室内水景设计

水在室内配景设计中应用较广泛。室内水景设计是由一定的水型和岸型所构成的景致，不同的水型和岸型可以构造出各种各样的水景造型。

图 5-22

一、水型种类

1. 水池型

室内水景设计中的水池有方池、圆池、不规则池、喷水池等（图 5-22），而喷水池又有平面型、立体型、喷水瀑布型等。这些水池造型精巧，池边常配以棕竹、龟背竹等植物以及石景。

2. 瀑布型

瀑布通常的做法是将石山叠高或人造物堆砌，山下挖池，水自高处泻下，在假山瀑布上下配以适当植物（图 5-23）。

图 5-23

图 5-24

3.溪涧型

溪涧型属线形水池，水面狭而曲长，水流因势回绕，室内溪涧常利用大小水池之间的高低错落造成（图 5-24）。

二、岸的形式

在水景设计中，水为面，岸为域。室内水景设计离不开相应岸型的规划和塑造。协调的岸型可使水景更好地呈现水的特点。

图 5-25

1.池岸

凡池均有岸，岸式却有规则型与自由型之分。

（1）规则型池岸：

一般是对称布置的矩形，圆形或对称花样的平面构图（图 5-25）。

（2）自由型池岸：

通常随形作岸，形式多样（图 5-26）。一个水池常采用多种岸边造型，如用卵石贴砌岸边配以大巧石、树桩石等，大理石碎块镶嵌岸边，也可用白水磨石做成流线型岸边。

图 5-26

2．矶蛋

矶蛋是指突出水面的配景石。一般临岸矶蛋多与植物相配。位于池中的矶蛋，常暗藏喷头，形成喷泉效果（图5-27）。

图 5-27

3．其他的岸形

如洲、岛、堤在室内水景设计中较少使用。

三、水景设计要点

各种水景，一般由以下几个方面构成：土建池体、管道阀门系统、动力水泵系统、灯光照明系统等。较大的水体或对水质观感要求较高的场所，还必须有水质处理系统。一个好的水景设计，必然是在优秀的艺术效果设计的基础上，将上述各专业系统完美结合的产物，其设计要点如下：

1．造型设计

进行水景的总体设计，应先分析环境氛围的基本要求，再分析各种水景形式，分列不同的组合方案，绘制效果图，从中选优。

2．水池设计

一般常见的景观水池深度均为 0.6 ~ 0.8m，这样做法的原因是要保证吸水口的淹没深度，并且池底为一整体的平面，也便于池内管路设备的安装施工和维护。更适宜的水深以 0.2 ~ 0.4m 为宜，这样做的优点是，当水质浊度略高，给人的感觉仍然清澈见底。池壁顶面应可供游人坐下休息，池壁顶面距地面高度一般为 0.30 ~ 0.45m，从亲水的角度出发，较为合适的尺度是水面距池壁顶面为 0.2m。

3．灯光照明

水下照明灯具是水景中常用设备，尤其是在喷泉中广泛使用。目前国内使用较多的是塑料支架的飞利浦水下灯。

4．水景水质

首先要求水清澈无色无异味。水景如果没有良好的水质作保证，就谈不上美感。为此，在夏季日照正常的地区，一般 7 ~ 15d 需换水清理一次。其原因一是尘土飘落导致浊度升高，更重要的是因为藻类滋生使浊度与色度影响观感，以至达到感官难以接受的程度。

第二节 室内绿化设计

绿化设计是以种植在室内的花木植物或盆栽植物，根据一定的要求组成的室内绿化装饰。植物品种的选择，除根据绿化的特点，布局的要求和特定功能需求之外，最好选用易于培植、喜阴的植物。绿化设计中配置植物是很有讲究的，要根据不同环境的空间特点和配景要求，把不同风格，不同形状，不同颜色，不同花形，不同栽培要求的花木，科学地、艺术地组合起来，才能达到预期的观赏效果。

图 5-28

一、绿化设计组景配置

1. 孤植

孤植是单株种植为主的方法。一般选择观赏性强的盆栽植物，要有较好的形状，较奇特的树姿、树冠，远观近看都可（图 5-28）。

图 5-29

2. 丛栽

丛栽是由数量不多的花木成丛配植的方法。一般置于墙下面、墙角处、池边、山石景旁等，布局上应前低后高，同时，注意植物枝叶的大小疏密搭配，避免堆砌感（图 5-29）。

3. 带植

带植是一种带形景观的配植方法。一般在水池边，山景边，墙边以及厅、堂里需要用植物进行分隔的位置上（图 5-30）。常用灌木和藤本植物，草本植物有时也用。

图 5-30

4. 花池

花池有砌于地面、墙面、栏杆上和矮墙顶上，还有以小花斗的形式装置在室内。花池内的花草不宜多，不宜杂，疏密搭配，做到远看花丛一片，近看主次分明，其形状有圆形、方形、多边形、花瓣形等（图 5-31）。

图 5-31

图 5-32

二、绿化设计要点

（1）室内布置绿化植物，应根据建筑的功能和使用要求，并与室内家具陈设相协调。在室内环境中布置较多的植物可使空间具有园林感和层次感；多而密的植物可使室内空间具有一种深远感（图5-32）；在顶棚上悬挂植物可使空间层次变得丰富；在墙角配置攀缘植物可形成垂直绿化。

（2）室内绿化植物要选择易栽，耐季节变化，喜阴，体态美，叶大株小的植物为主，如棕树、橡皮树、铁树、龟背竹等（图5-33），细小枝叶的植物可做绿化带用。

图 5-33

图 5-34

（3）重点的花坛、花池，如大堂、大厅的花坛，在设计上要有层次错落，要选用大小不同，植株高低不同，叶形不同，花形不同的植物组合。也可用盆栽植物组成（图5-34）。

第三节 室内石景设计

石是重要的造景素材。古有"园可无山，不可无石"和"石配树而华，树配石而坚"之说。可见，石在造景之中是很讲究的。在室内配景设计中，品石既可作为景色的点缀、陪衬的小品，又可以石为主题构成景观中心。运用品石时，要根据具体的石材，取其形，立其意，借状天然，才能创造出一个"寸石生情"的意境。

一、石景设计的常见用石

石景设计中的天然素石通称为"品石"，目前较多使用的有：

1. 太湖石

太湖石在石景设计中应用较早，也较广泛。它质坚表润、嵌空穿眼、纹理纵横、连联起隐、峦岩壑谷。

2. 英石

英石石质坚而润，色泽灰黑，节理天然，表面有皱，多棱角，峭峰如剑戟，其效果与太湖石迥然不同。

3. 锦川石

锦川石外表似松皮状，其形如笋，又称石笋或松皮石，有纯绿色，也有五色者。其石长一般 1m 左右。现在多用水泥砂浆来仿制。

4. 黄石

黄石质坚色黄，石纹古拙，其叠山效果粗犷而富野趣。

5. 腊石

石色黄而表面油润如蜡，又称黄蜡石，其外形浑圆可爱。此石常以三两个大小不同形状组成小景，或散置于草坪、池边、树丛中，既可供歇息，又可观赏。

二、石景设计要点

1. 尺度与比例

室内配景的功能是克服建筑空间的单调感，同时用配景来烘托室内环境空间，所以，室内石景设计要避免空间给人闭塞和压抑感。石景的高度一般要小于室内的高度，石景用的石块宜大不宜小，形态宜整不宜碎，组合的尺度合理，体态得当，给人以美感（图 5-35）。

图 5-35

图 5-36

2．石与水的配合

石因水而动，山得水而活，所以，石景往往与水景组成山水景观（图 5-36）。常见的有山水潭、山壁潭、悬挂瀑布等，如砌筑假山，一般筑成下大上小，山骨壁露，峰削如剑的峭拔峰，也可筑成下小上大的"有飞舞势"的奇峰。水中可以立石，但石形要整，不要形成堆砌感，而要形成一种自然的韵律美。

3．石景的位置

石景一般可形成视觉中心，如在门厅处能加强视觉中心的形成，引人注目。在室内过渡空间，如大厅与餐厅、大墙面与地面处常作石景处理（图 5-37），来消除交角的生硬感。还可以设置在室内转角处和死角处，减弱空间界面的单调感。另外，在前厅、廊侧、路端、景窗旁、盆栽下都可摆布一些组合的小石景。

图 5-37

4．人造石景

人造塑石是近年广泛采用的方法。用小石块砌筑主体，表面用颜料拌合水泥砂浆进行饰面，模仿石材效果。大型山石常用金属网架为骨架，表面再用颜料拌合水泥砂浆进行饰面，往往效果以假乱真（图 5-38）。

图 5-38

第六部分　室内装饰材料选择与应用

图 6-1

图 6-2

图 6-3

　　装饰材料对于室内环境艺术设计而言，就如同"米与巧妇"的关系，了解各种装饰材料的性能和应用，对于从事室内环境艺术设计是一项重要的学习内容，并且需要不间断地学习和实践。在室内环境艺术设计中正确认识各种材料的性能，合理地组合应用装饰材料是解决设计问题，实现设计目的的基础。装饰材料不仅为我们进行设计提供了物质基础，同时装饰材料的个性与多样性为我们的设计创意提供了极大的可能性和创意空间（图 6-1）。

　　在室内设计中，能够充分对装饰材料加以利用，体现了设计师对装饰材料的熟悉和运用技能，更是设计师设计能力的重要表现。在室内设计中合理把握各种装饰材料的性能，选择好装饰材料完成设计方案是设计过程的重要工作内容。材料选择和运用是设计的一部分，换句话讲，对装饰材料的选择就是设计。熟练地运用装饰材料进行设计是一个不断实践学习的过程。客观地讲，不断地学习认识装饰材料的性能用途和装饰功能，不断地进行设计实践是设计师提高设计水平，创作优秀作品的重要途径之一（图 6-2）。

　　随着科技的进步，新型装饰材料不断出现，更进一步丰富了用于室内环境艺术设计的材料种类，为室内环境艺术设计提供了更为广阔的创作空间。同时，现代人类生存环境的恶化，对环境保护认识的提高，对室内装饰材料的选择运用也提出了更高的要求。一些性能落后，不具备环保要求、安全要求、对环境容易造成破坏的装饰材料逐步被淘汰。新材料和新技术在解决环境问题中被广泛实践应用。关注装饰材料的变化发展，尤其是新材料与新工艺，是我们适应现代设计发展的需求（图 6-3）。

第一章　室内装饰材料基础知识

第一节　室内装饰材料概述

室内环境艺术设计和工程施工过程中，我们会使用到多种装饰材料，在室内设计行业中通常会采用不同的方法进行材料的分类和识别。不同的分类方法是我们从多种角度认识了解材料，更快捷地学习材料知识，理解材料性能，掌握使用方法的便捷途径。从多角度认识装饰材料对设计实践过程是非常重要的。以下几种常用的分类方法，可以帮助我们认识和区分装饰材料，对装饰材料建立起初步的认识。

一、按用途

1. 基材

基材多用于完成装修工程的结构或用于饰面材料的基层。通常情况，多数基材在工程完工后被饰面材料覆盖，是看不到的。

2. 面材（饰面材料）

一般情况，在装修工程完工后是可被视觉感知的，经常直接用于室内环境中空间界面的表面装饰。

二、按物理形态

装饰材料的自身形态也是我们划分、识别材料类型的方法，而且是在设计中极为实用的一种认识材料的方法，也是一种对装饰材料非常好的归纳。如木方料和石方料、板材（图 6-4）、管材（图 6-5）、线材（图 6-6）、卷材（图 6-7）、特殊型材等。

图 6-4

图 6-5

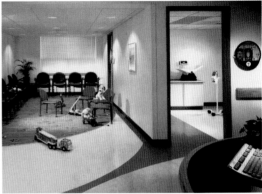

图 6-6   图 6-7

三、按使用部位

在设计与施工中我们还经常根据装修施工工程中，材料使用位置的不同对装饰材料进行分类。常见的种类有顶棚吊顶材料，地面铺装材料，台面装饰材料，隔墙材料，室内墙面装饰材料，卫生间洁具，工艺装饰材料等。

四、按使用功能

根据材料的特殊使用功能进行分类也是我们在室内设计与装修工程中常使用的方法，如保温隔热材料、防水材料、防火材料、吸声材料、密封材料、绝缘安全材料、粘接材料等。

五、按施工工种

装饰工程施工管理中，经常根据材料的具体使用工种对装饰材料分类，主要把材料分为：木工材料、电工材料、瓦工材料、油工材料、水暖材料等。

六、按材料属性

利用材质属性进行装饰材料区分识别是最广泛采用的方法，涵盖的种类也最为齐全，如木材类、石材类、陶瓷类、石膏类、矿棉类、水泥材质类、防火板类、玻璃类、陶瓷锦砖类、金属类、墙纸类、皮革和织物类、油漆和涂料类、五金类等装饰材料。

第二节　室内装饰材料特性

各种装饰材料由于其材质性质的差异，决定了它的用途不同。对于装饰材料性能的了解，可以让我们更好地对材料加以利用，在设计中正确合理地选择材料。装饰材料的性能首先决定于自身的材质属性。比如木质、石质、有机塑料，其性能差异非常大。其次是加工工艺的影响，石材抛光工艺和石材拉毛工艺不仅使材料表面装饰效果反差很大，同时材料的防滑性能都会不同。再有就是使用方法的不同也可以使装饰材料产生一些性能差异。

在设计实践中，我们主要从装饰材料的物理性和表面装饰性两个方面认识装饰材料的性能。

一、物理性

装饰材料的物理性能是选择运用装饰材料时首先要考虑到的，对装饰材料物理性能的了解，可以直接引导我们在设计中进行有范围的选择。如在超高层建筑的室内空间设计中，选择地面装饰材料时，我们要考虑材料的耐磨性能，建筑荷载对使用材料重量的要求等因素，如石材具备很好的耐磨性，但有时不符合荷载的要求，塑胶地板符合耐磨条件和轻质要求，是适合的地面装饰材料。再比如浴室空间中对材料的防水性能要求很高；重要的公共室内空间对材料的防火性能要求非常严格；一些特殊功能的室内空间要求材料有良好的吸声功能等。总之，在实际的设计中，往往要求选择的装饰材料同时具备几种不同的性能。

同室内环境设计相关的装饰材料物理性能主要体现在重量、密度、硬度、吸水性、吸声性、防滑性、防火性、保温隔热性、抗弯曲变形性等方面。装饰材料的物理性能是室内设计中解决实际问题的关键因素。

二、装饰性

装饰材料的装饰性能直接关系到室内环境最终的装饰效果，是一种直观的性能。相对于材料的物理性能，不同装饰材料之间有不同的装饰性能，比如墙面装饰材料的选择，石材饰面和木饰面是两种装饰效果完全不同的选择。同一种材质之间也有不一样的装饰性能区别，如木饰墙面中，浅色材质的枫木装饰效果与深色材质的胡桃木装饰效果，给人的空间感受就会有明显的区别。

装饰材料的装饰性能主要体现在材料表面视觉和触觉感受到的质感、形状、色彩、光泽、肌理、纹理等方面。 每一种装饰材料的装饰性能都是独特的，有些看上去非常的近似，但细微的差异体现出的装饰效果往往是让我们意料不到的。

第三节　室内装饰材料种类

一、木材类

木材是最传统的室内装饰材料之一。木材温和、轻质，有非常好的韧性，细致富于变化的纹理（图6-8），容易加工等多种独有特性。树木广泛生长于人类生活的各个地区，树种丰富，较容易利用，是一种丰富的自然资源。木材利用有着悠久的历史，木材成就了中国古代建筑的文明。人类把木材广泛地用于生产劳动，对木材的各种性能积累了大量的认知，对于木材的加工工艺有着非常丰富的经验，木材作为传统室内装饰材料

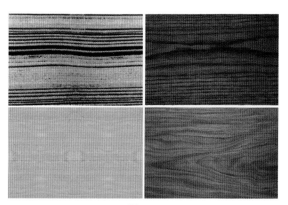

图6-8

在今天依然有着无可替代的作用。

不同树种的差异，以及特别的生长环境，使木材之间会有非常大的性能差异，也正是这种差异为我们提供了多样的材料选择。可列举的树种材质类型很多，可用于室内装饰材料的木材主要来自乔木。我们常用到的木材主要有：松木、柏木、杉木、榆木、槐木、杨木、柳木、枫木、柚木、橡木、桃木、楠木、花梨木、榉木、樟木、桦木等。根据需要选择不同的树种材质，可以用作支撑结构，也可以经过各种加工手段直接用于室内空间的表面装饰。

我们在设计和施工中，可以把木材类装饰材料分做两个类别进行运用：

1. 原木材料

木方、木龙骨、木装饰线、装饰木皮、实木地板等原木材料最能体现材料自身的性能特点。原木材料根据树种的不同和相对的材质差异，在室内装饰工程中应用广泛。传统的木工艺基本采用实木为原料，原木材料有利于传统木工艺技巧的传承，可以进行细致的各种加工制作。在高档装修工程中实木方料可以是体现档次的重要材料，尤其是一些名贵的树种材料。原木材料是天然的环保材料，在今天，由于森林资源保护受到重视，木材大量使用受到一定限制，原木材料使用成本以及传统木作工艺成本提高，使用新型替代材料是适应当代室内设计发展需求的（图6-9）。

2. 合成木板材

集拼木板、木工板（大芯板）、刨花板、密度板、各种树种的木饰面板等合成木板材是经过一定工艺方法对木材的再加工产品。其中一些是对木材的深加工产品，一些是对木材碎料、废料的再加工利用产品，还有一些加入特别的材料具有特殊功能，可以更有效地利用木材资源，目前在木质类装饰材料中占有相当大的比重。它不仅可以替代某些原木材料作为装饰材料，同时更具有一些特殊性能和用途。合成木板材的规格统一，表面平整，使用制作简单方便，更适用于现代施工的要求。各种树种的木饰面板有效利用材料的同时，通过加工展现出奇妙的纹理，装饰作用更为突出。大多数合成木板材在加工生产中使用了化工原料，含有一定对人体有害的物质，比如苯、氨、氡等，在使用时应对其有科学的认识（图6-10）。

图6-9

图6-10

二、石材类

石材是我们最常见的室内装饰材料，与木材一样是一种丰富的天然装饰材料。石材坚固，持久耐磨，可以进行精细雕刻。天然纹理具有独特的装饰功能，是地面装饰、墙面装饰、艺术雕刻的极佳材料。

石材由于其自然生成的过程复杂，有着千差万别的质地与纹理，有时一块石料在切割加工后都会有非常大的差异。在大面积使用过程中其色彩差异、纹理差异都会影响到装饰的最终效果，是我们在设计过程中常遇到的问题。因此，在实际设计选材过程中，需要详细考察调研。通过巧妙的设计，合理运用材料是克服问题的最好方法。如装饰工程中，通常把石材加工成各类石方用于砌筑，或切割成板材铺贴或干挂，复杂的雕刻会用到整块的方石料。

石材的表面处理有多种方法。常见到的有：斧剁、拉毛、火烧、机刨、洗槽、抛光等工艺，使表面产生各种肌理效果和装饰效果。斧剁、拉毛、火烧、机刨、洗槽等不同的处理使石材具备防滑、导水、弱化石材色差、纹理等特殊功能。表面抛光处理的石材更多用于室内装饰，光滑的表面便于清洁，使石材的自然纹理充分体现，更能体现出石材高贵华丽的装饰效果。

用于室内装饰的石材是经过深加工后的各种板材。大块的未经裁切的石板材，我们称做毛板，经过仔细裁切的具有规整度的、有一定统一标准的板材我们称为规格板，如500mm×500mm、600mm×600mm、900mm×900mm、1200mm×600mm等。石材的规格模数是设计之中需要掌握的重要内容，在设计实践中有着非常重要的意义。

石材的品种丰富，我们通常依据石材质地和产地，色彩和纹理命名石材，如西班牙米黄、印度红、南非红、蒙古黑、济南青、大花绿、大花白、啡网纹等；还有很多品种是以形象的描述作为名称，如芝麻黑、黑金星、幻彩红、黑白根、橙皮红等。石材的名称没有严格规范性，同一种材料有时会有几种不一样的称谓，有时使用编号进行区分，但同样有很大的局限性，在实际选材时经常以实样为标准。

石材品种繁多，实难逐一介绍，在室内环境设计中，广泛使用以下几种：

1. 花岗石

花岗石是石材中材质较硬的一类，有纯色的，也有杂色的。我们前面列举的蒙古黑、芝麻黑、黑金星、印度红等就是典型的花岗石类石材。花岗石纹理比大理石朴素，色彩均匀，比较适于大面积使用。花岗

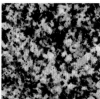

石质地坚硬有利于作斧剁、拉毛、火烧、机刨、洗槽等表面处理，经过以上处理的花岗石更多用于室外环境。经过抛光处理的花岗石表面光洁、耐磨，适用于室内墙面和地面装饰，尤其适用于人流量大的室内地面铺装（图6-11）。

图6-11

2. 大理石

大理石的硬度差于花岗石，表面很少作斧剁、拉毛、火烧、机刨、洗槽等工艺处理，因其耐腐蚀性差，室外很少大面积使用。我们前面列举的西班牙米黄、大花绿、橙皮红、啡网纹等就是大理石类材料。大理石没有花岗石坚硬，有些大理石的材质松软，铺装前容易弯曲变形和断裂，所以加工成板材的大理

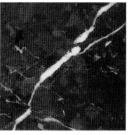

石背部要加网挂胶，防止其断裂。大理石精抛光后表面纹理自然，色彩漂亮，是用于室内柱、墙、地面、楼梯等装饰的极佳材料（图6-12）。

图6-12

3．页岩石

页岩石的质地与色彩均逊色于花岗石和大理石，页岩有明显的沉积层，也非常容易断裂，而且不适合做复杂的工艺处理。因此，更能体现石材原有的本质特点，经过巧妙的利用可以有非常好的装饰效果（图6-13、图6-14）。

图 6-13

图 6-14

4．鹅卵石

鹅卵石也是我们经常用到的一种装饰材料，形似鹅卵而得名，色彩随材质而不同，适于镶嵌拼铺，可以素拼也可以拼贴出复杂的图案。通过艺术的设计利用，是非常有独特性的装饰材料（图6-15、图6-16）。

图 6-15

图 6-16

5．洞石

洞石是类似大理石的一类石材，材料形成过程中形成天然的孔洞，有类似于大理石的纹理变化，但纹理有其独特的装饰效果，是较昂贵的石材品种，多见用于室内墙面装饰（图6-17）。

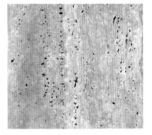

图 6-17

三、陶瓷类

室内装饰材料中，陶瓷是一个使用量非常大的种类，品种丰富，品牌众多。尤其在近十年中，科技引领陶瓷业的生产，现代陶瓷类产品的性能和品种远远超越了传统陶瓷的概念，性能更加优越，品种更为丰富。当今陶瓷产品依然表现出不断推陈出新的广阔前景。现代陶瓷产品的生产普遍采用了先进的生产技术，烧造过程更容易控制，产品质量得以保障，一些陶瓷类产品的装饰效果甚至超越了石材，成为一些高档次装修的选材。

图 6-18

陶瓷类装饰材料生产工艺独特，有其独特的性能和装饰作用，有陶质和瓷质的区别。陶质的材料密度、硬度均差于瓷质材料，吸水性很大；全瓷产品的吸水性非常小。陶瓷被加工成抛光、釉面、玻化、仿石材、仿古等系列产品，但主要分为陶瓷类卫生洁具和墙地面砖两大部分（图 6-18、图 6-19）。

陶瓷类装饰材料的生产本身经过了产品的研发设计，这其中有各种用途的研发，各种性能的研发，外形及规格的设计，纹理装饰效果的设计，基于各种装饰风格运用的设计，对具体产品的了解可以帮我们最快地选择适合于设计的材料和进行设计创意。

图 6-19

四、金属类

金属类装饰材料是室内装饰中很重要的一类。金属材质的独特装饰作用是其他材料难以替代的。各类金属型材经过巧妙的设计运用，可以产生非常突出的装饰效果。不同质感的金属可以给人以不同的感受，如金银质的材料可以表现出富丽的环境特质，不锈钢可以体现出空间的现代气息等。金属类材料的表现力和装饰性更在于设计师的构思创想和巧于利用。

用于装饰的金属材质常见的有金、银、铜、铁、铝、不锈钢等。我们提到的各类金属型材可以间接用于装饰，如各种铁艺加工。直接用于室内装饰的金属类材料主要是各种金属装饰板，如不锈钢镜面板、铜板、花纹板、压花板、铝塑板、镁铝曲板等，以及一些装饰五金（图 6-20）。

图 6-20

五、石膏类

石膏类装饰材料是我们常用的装饰材料。石膏类装饰材料具有材质轻、阻燃、防火等特点，主要品种有装饰用石膏板、石膏花饰、石膏装饰构件等。石膏类装饰材料在顶面、墙面装饰中运用较多（图 6-21）。

图 6-21

六、玻璃类

玻璃类装饰材料在室内装饰中有着广泛的用途。玻璃光滑独特的折光性能和透明的特性带给我们丰富的想象空间，是营造室内独特气氛、表现独特光环境的常用材料。

玻璃有多种工艺加工方法，以适合不同的用途，如镀膜、热熔、钢化、夹丝、磨砂、彩绘、雕刻等。在室内装饰设计中，我们常用到的玻璃类材料有平板玻璃、热熔工艺玻璃、玻璃装饰砖、有色透明玻璃、背漆玻璃、镜面玻璃、玻璃砖等品种（图6-22～图6-25）。

图 6-22

图 6-23

图 6-24

图 6-25

七、陶瓷锦砖类

陶瓷锦砖是一种极具装饰性的材料，有玻璃材质陶瓷锦砖、陶瓷材质陶瓷锦砖、石材陶瓷锦砖、金属陶瓷锦砖等品种。陶瓷锦砖可以组合拼出富有丰富变化的图案，是传统伊斯兰装饰风格的典型特征，是进行室内局部装饰的极佳材料选择。拼合与镶嵌是陶瓷锦砖的主要装饰工艺（图6-26）。

图 6-26

八、墙纸类

墙纸是典型的表面装饰材料。墙纸的装饰效果受到其制作材质的影响，更多的是利用表面肌理和图案的不同。墙纸最独特的装饰性体现在其丰富的图案变化，墙纸的图案直接关系到室内装饰风格，因此墙纸的图案选择尤其重要，更是表现装饰风格的重要方法。

墙纸品种繁多，按外观效果分类有：印花壁纸、压花壁纸、浮雕壁纸等；按墙纸所用的材料分类有：纸面纸基壁纸、纤维织物壁纸、天然材料面壁纸、塑料壁纸、金属箔壁纸等。

九、皮革与织物类

皮革与织物类装饰材料运用是室内软环境装饰的重要手段，其不仅可以起到独特的装饰作用，还可以使室内环境更具亲和性和温暖舒适。在解决室内环境的防噪声方面，也有着独特的作用。

用于室内装饰材料的皮革有真皮材质的，也有人造革材质的。柔软的质感和自然纹理体现了皮革独一无二的装饰效果。织物有丰富的种类与图案色彩变化，以及强烈的装饰效果，是渲染室内气氛的重要材料（图6-27、图6-28）。

图6-27　　　　　　　　　　　　　　　图6-28

十、防火板类

防火板的名称直接地体现了材料的性能特点，是一种具备防火功能的免漆饰面装饰材料，避免了油饰的复杂过程和对施工环境造成的污染，可以直接用于附着物的表面装饰。防火板表面平整，可以加工成具有各种表面装饰色彩、纹理、图案的饰面效果，具有非常强的装饰性能，在办公环境、商业环境、展示环境中运用普遍（图6-29、图6-30）。

图6-29　　　　　　　　　　　　　　　图6-30

十一、有机塑料（亚克力）

有机塑料装饰材料是一种表面平整光滑、色彩鲜艳的装饰材料，一般室内设计中并不常用。有机塑料类装饰材料适于进行复杂的艺术设计加工，如冲压、热弯、焖鼓等，材料的光滑度和色彩依然可以保持很好，而且还有一定的透光性能，多用于商业空间、展示空间中（图6-31～图6-34）。

图 6-31   图 6-32

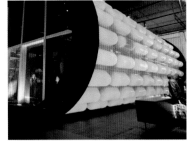 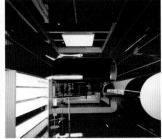

图 6-33   图 6-34

十二、油漆与涂料类

油漆与涂料类装饰材料是室内环境表面装饰的重要选材（图6-35、图6-36）。油漆与涂料有丰富的色彩选择，是一种营造室内气氛简便快捷的装饰方法，可以表现出色彩丰富的室内环境，适合进行大面积涂饰。同时，油漆、涂料类装饰材料对附着物能产生保护作用。

图 6-35   图 6-36

1．油漆

油漆有多种类型，在室内环境装饰设计与应用中，我们最普遍地将其分为两种：混水漆装饰和清水漆装饰。

清水漆装饰——不遮盖被装饰材料的材质纹理，使其具有更好的装饰效果。

混水漆装饰——具有非常好的附着力和遮盖力，可以完全改变原有材质的装饰效果，同时根据设计需要选择不同颜色的油漆进行丰富的色彩装饰。

2．涂料

根据用途和成分有许多分类，可用于室内装饰的涂料主要有：合成树脂乳液涂料，水溶性内墙涂料，内墙彩色涂料，多彩花纹内墙涂料等品种。涂料的涂刷工艺也可以有很多变化，能够产生出其不意的装饰效果。

第二章　装饰材料与室内环境

第一节　装饰材料与室内色彩环境

一、二维平面色彩与装饰材料色彩

我们以前学习有关色彩知识大多是通过二维平面构成的方法。在二维平面中色彩的各种属性（明度、色相、彩度）是容易认识和运用的。相对于二维平面中的色彩，在室内空间环境中各种装饰材料体现出的颜色属性（明度、色相、彩度）是不明显、不容易识别判断的。二维平面中可以使用极其丰富的颜色，在室内设计中颜色使用受到装饰材料材质、品种的限制，很多颜色是不容易或无法体现的。

室内设计不同于二维平面设计，在平面设计中色彩应用与室内设计中应用的方法是有很大区别的。在室内设计中色彩是通过材料来体现的，各种装饰材料是营造室内色彩环境的媒介，装饰材料提供的颜色选择范围就是我们进行室内色彩环境设计可直接利用的实质元素（照明是辅助手段）。

室内设计是一种多维度的空间环境设计。装饰材料的颜色属性显然受到很多因素的影响，尤其是彩度和色相属性，而装饰材料明度属性能较好地在室内环境中得到体现。

二、装饰材料的色彩特征

虽然在众多装饰材料中，油漆与涂料类、防火板类、有机塑料类以及具有印刷工艺、印染工艺的部分材料可以表现二维平面中的色彩（图6-37），但也受到品种的限制。具有自然材质属性的装饰材料更多体现材质自身的颜色属性，但装饰材料也有独特的色彩和丰富性，更有我们在二维平面中找不到的颜色，例如金属类装饰材料。

图 6-37

我们通过二维平面构成学习到的色彩知识，看装饰材料的色彩属性。自然材质装饰材料的色彩变化柔和，色相相对模糊，彩度低，但明度变化明显（图6-38）。

装饰材料不仅具有我们需要的色彩特征，独特材质感，更有自然漂亮的纹理变化。装饰材料的颜色要比我们在二维平面中认识到的色彩更自然，有着更为丰富的独特性。用具体材料表现的室内环境和色彩氛围才是我们人类真正需要的。

图 6-38

三、装饰材料与室内色彩环境的营造

在室内环境设计中，我们将掌握的色彩原理以及色彩运用技巧转化到对装饰材料的认识上，通过材料的运用体现色彩运用技巧，这一点对学习室内设计尤为重要。充分认识装饰材料的色彩属性，不同装饰材料类别之间的色彩属性差异，是我们营造室内色彩环境必须研究的内容。

在色彩体系中，我们把颜色分为暖色调、冷色调用以表达各种情感和体验。室内设计中同样是利用装饰材料颜色的冷暖属性营造不同的色彩氛围。暖色调可以创造出温暖舒适、亲和优雅、欢快喜庆、华丽气派的室内色彩气氛；冷色调可以创造出清凉整洁、严谨理性、大方肃穆、简洁典雅的室内色彩气氛。例如，在室内色彩环境的营造中，我们常用到的暖色系装饰材料有米黄系列石材，暖色系瓷砖以及木饰面材料等；常用到的冷色系装饰材料有黑色系花岗石，冷色系瓷砖，金属饰面材料等。在营造活泼和制造兴奋的环境中，我们常会选择彩度高、色相明确的色彩，如幼儿园环境、运动场馆等。这些环境中我们就会使用到涂料类，以及防火板、有机玻璃、塑胶类地板卷材等一些经过特别工艺制造，彩度表现力好的装饰材料（图6-39、图6-40）。

图 6-39

图 6-40

可见，装饰材料运用在很大程度上影响着室内环境的色彩氛围，尤其是大面积的地面装饰材料选择和墙面装饰材料的选择。

第二节 装饰材料与室内光环境

一、装饰材料在营造室内光环境中的作用

在室内环境中，光环境的营造是离不开装饰材料的，室内光环境是由光线以及照明方式和室内装饰材料相互作用共同形成的，是相互依存的关系。室内环境中使用不同的装饰材料会形成有差异的光环境体验，营造不同光环境体验同样需要借助到各类不同的装饰材料。

光和色是一对无法分离的概念，本书第二部分已经讲过。在室内环境中，色彩存在于装饰材料，材料的颜色反射直接影响到室内光环境的营造，这种作用是直接的、好利用的。装饰材料除其本身的固有色外，还有其他的属性，如质感、纹理、光洁度等都会影响装饰材料色彩属性差异，这些复杂的色彩差异间接地作用于室内光环境的营造（图6-41）。

相同颜色的两种不同装饰材料，在光环境营造中会产生反差很大的两种感受。比如大面积红色乳胶漆的空间光环境与同样面积的红色有机玻璃装饰的空间产生的光环境作比较，我们是可以想象的。装饰材料之间的色彩属性差异，是我们营造室内光环境需要积极主动利用的。

装饰材料中的玻璃、镜面、金属等材料的色彩属性是独特的，是营造室内光环境常用到的材料，而且作用非常突出。

具有吸光、反光、反射、折射性能的装饰材料是营造室内光环境的优选材料。

图6-41

二、装饰材料对室内光环境的影响

1. 装饰材料色彩对室内光环境的影响

装饰材料色彩对室内光环境的影响是直接的。在室内环境中，任何一种光环境空间都是离不开颜色作用的，形成光环境中的颜色主要来自两个方面：一是光源的颜色，二是装饰材料的颜色（图6-42、图6-43）。

图6-42

图6-43

明度高的装饰材料对光的反射作用，容易营造明亮的光环境；明度低的装饰材料吸收光的作用，容易营造出昏暗、深邃的光环境。例如：商业购物中心的空间设计中，我们常选用明度较高的材料作为大面积装饰材料。地面选择浅米色或浅灰色系的石材与瓷砖，墙面也多选用浅色的装饰材料；而酒吧夜总会空间设计中，多用黑色地面装饰材料或深颜色的瓷砖、地毯等，墙面也用明度低的壁纸、深色涂料等进行装饰（图6-44）。

色彩纯度高的装饰材料因其色光的高反射，营造出的室内光环境强烈、刺激；色彩纯度低的装饰材料因其色光的低反射，营造出的室内光环境则安静柔和（图6-45）。

图 6-44

图 6-45

例如：健身运动场馆。地面选材可使用彩色塑胶地板，墙面也可以大胆使用一些彩度高的装饰材料，室内环境让人兴奋，有利于刺激人们去做运动（图6-46）。在卧室设计中，我们通常选择彩度低的装饰材料，安静柔和的空间有利于人们休息（图6-47）。

图 6-46

图 6-47

在室内环境中使用彩色光源时，选择明度高纯度低的装饰材料容易体现出光源的色彩属性，而明度低纯度高的室内装饰材料则相对比较弱。

2．装饰材料表面肌理对室内光环境的影响

装饰材料的表面肌理会对室内光环境造成一定程度的影响，主要体现在光线照射在材料表面后产生折射或反射，各种材料产生的折射和反射度是不一样的，有时会有很大的差异（图6-48、图6-49）。

图6-48   图6-49

影响材料折射或反射的表面肌理主要是材料表面的光滑度、凹凸、杂质等。粗糙的表面折射和反射性差；光滑度越高，折射和反射性越好。凹凸表面的材料明显地改变光线的方向，会使光线变得凌乱；有杂质的材料表面呈现出不同的反射性和折射性，比如黑金星花岗石，在光照环境下会突现出点点的金色光泽（图6-50）。

图6-50

第三节　装饰材料与室内装饰风格

一、室内装饰风格中典型装饰材料的运用

各种室内装饰风格都具有典型的装饰材料代表。不同地区的室内装饰风格差异，是由其区域装饰材料的资源限制、性能适应性、以及对材料利用的工艺技巧等因素决定的。就如我们前面提到的，传统中国建筑与室内装饰文化是建立在木材基础上的，从而造就了典型的中式室内装饰风格（图6-51）；西方古典室内装饰风格中离不开石材的运用（图6-52）；陶瓷锦砖运用是伊斯兰室内装饰风格的典型特征（图

图6-51

6-53）；现代装饰风格建立在工业文明与科技进步的基础之上，处处体现工业化的思想以及新材料和新技术（图6-54）。

图 6-52   图 6-53   图 6-54

在室内环境设计中，准确运用具有典型意义的装饰材料，可以快捷地表现出明确的室内设计风格，这一点是非常重要的。不同的室内装饰风格都有其独特的符号和形式以及地域文化特征，把握这些设计因素是我们正确选择装饰材料的关键，从而避免一些不伦不类的设计出现。鲜明的室内装饰设计风格一定与正确合理地运用装饰材料分不开。

室内设计风格的把握需要我们对装饰材料有深刻的了解，对各类装饰风格的材料运用要有认真的研究。室内装饰风格的体现不仅在于一些有符号性的材料运用，还在于复杂的材料组合以及构造工艺、传统艺术技巧等方面因素。

二、装饰材料自身体现的风格特征

各种装饰材料本身均具有一定的装饰风格特征，有些是直接用于表现某类室内装饰风格，有些是通过材料的应用手法、工艺加工、材料组合等手段间接发挥作用的。经典传统室内装饰风格中多用到具有天然属性的材质，如木材、石材、陶瓷等。现代装饰风格的室内装饰更多地用到一些科技含量高的装饰材料，比如金属类饰面板、有机材料、人造大理石等，现代工艺技术痕迹明显。总体表现如下：

1. 石材类

这种时代感不强的材料，除了表达欧美风格外，有时在加工过程中利用了高新技术的处理，会带有一些现代的气息，也常常出现在现代建筑室内装饰中。

2. 木材类

在使用中，常常就表现出完全不同的时代感，如怀旧、乡村、自然、奢华等风格特征。

3. 陶瓷类

包含了非常丰富的装饰材料品种，几乎可以适应各种装饰风格的需求。有金属釉面、皮革纹面、微精石、玻化石等极具现代感的品种；也有仿大理石、做旧仿古等古典风格的陶瓷品种。

4．壁纸类

有着适应各种装饰风格的品种类型。新材质的壁纸具有现代图案，体现出极强烈的时代感。同时，壁纸表面质地、纹理、图案的丰富，为我们创作各种装饰风格提供了条件。

5．玻璃类、防火板类、有机塑料类

此类材料是现代气息强烈的装饰材料，但也有个别的品种，经过巧妙的设计利用，可以在古典风格的室内设计中发挥独特的装饰作用。

第三章　室内装饰材料应用指导

第一节　室内地面装饰材料

室内环境中地面是非常重要的装饰界面，对室内整体环境有着直接的影响。通过对室内地面的装饰，可以体现室内装饰风格，起到室内空间区域划分的作用。室内环境中地面的材质、颜色、纹理是渲染室内气氛的重要载体。

地面装饰材料的选择要考虑装饰性，同时更要考虑室内空间的性质和功能用途。室内空间中的地面不同于其他界面，实用性是第一位的。地面材料一定要具备结实耐磨、安全防滑、便于清洁等特性。公共空间与私人空间，人流量大的空间与人流量小的空间，使用性质和用途不同的空间对地面材料性能要求是不一样的。在一些特殊和重要的室内空间中，对地面装饰材料的安全性能、防火性能要求非常高，地面装饰材料使用受到严格的限制。

一、陶瓷与石材地面

陶瓷、石材装饰地面是最为丰富的形式，适合在大多数环境中使用，材料品种可选性强，铺装工艺相对复杂多样，装饰变化丰富，是最典型的室内地面装饰材料，尤其适合于大面积的地面装饰。

图 6-55

花岗石装饰地面，气派庄严；大理石装饰地面，可以突现出环境的气派、高贵、华丽；岩石装饰地面，朴实自然；抛光玻化瓷砖的装饰效果现代简约；仿古类瓷砖营造的室内气氛古朴典雅（图6-55、图6-56）。

图 6-56

113

二、木地板地面

木地板的耐磨程度要次于陶瓷与石材类地面装饰材料，不适合在人流量大的环境使用。受材质的影响，大面积铺装容易变形，木地板色泽与纹理亲和，小空间的使用更显示出人性化的装饰(图6-57～图6-59)。

图6-57   图6-58   图6-59

三、塑胶地板地面

塑胶地板材质柔软，色彩艳丽，表面平整，有一定韧性，铺装工艺简便快捷，在医院、学校、办公、运动场所环境中运用较多（图6-60、图6-61）。

图6-60   图6-61

四、地毯地面

地毯用于装饰地面可以在室内空间中起到良好的吸声作用。独特的材质与图案是烘托和渲染室内气氛效果最强烈的地面装饰材料。地毯有卷材和块毯，纯毛和化纤，素色和工艺地毯等多样品种，适合在酒店宴会厅、会议厅、歌厅、剧院、办公空间中大面积使用，也可以在居室和其他空间中起到重要的室内装饰作用，工艺地毯是艺术性最强的地面装饰材料（图6-62～图6-64）。

图6-62

图 6-63　　　　　　　　　　　　　　　图 6-64

五、其他装饰材料地面

地面的装饰材料运用在于设计师的大胆创意。前面提及的几种装饰材料是我们最为常用的地面装饰材料。在地面装饰中，我们还经常会使用到陶瓷锦砖、卵石、玻璃、金属板等一些个性化强烈的装饰材料，这些材料都不适合大面积的使用，但局部运用对营造空间环境效果有较好的帮助（图 6-65、图 6-66）。

图 6-65　　　　　　　　　　　　　　　图 6-66

第二节　室内墙面装饰材料

在室内空间中，墙面是最容易引起视觉关注，发挥装饰作用的空间界面。墙面也是室内空间中最具有装饰功能的载体，可装饰性极强，可利用的装饰手法广泛，最具有变化性。因此，几乎各种装饰材料都有可能在墙面装饰中发挥作用。但这并不意味着墙面一定是繁复的，有相当多的成功设计案例中，墙面的装饰是用简洁的方法发挥作用的。

一、陶瓷与石材墙面

陶瓷材料用于装饰墙面多见于浴室、卫生间、厨房等有水和怕污染的空间环境中，或用于室内空间中局部的艺术装饰。一些陶瓷产品的设计研发是专门针对大型公共空间的墙面装饰，装饰效果近似石材；

也有非常现代独特的墙面装饰品种，如具有金属材质感的釉面砖，就是非常另类的墙面装饰材料。

总体讲，用于墙面的全瓷材质的墙面砖比陶质的更具现代感，釉面砖更显华丽，仿古类的瓷砖古朴典雅，简约单纯色彩的产品更现代另类。

石材装饰墙面，也有着极为丰富的品种选择和装饰形式，不同的选择和设计，可以营造出丰富多样的室内氛围（图6-67）。

图 6-67

二、木饰面材料墙面

木饰面装饰材料在墙面装饰中都需要比较复杂的工艺，可以进行难度极高的装饰制作，是一种塑造性强的装饰材料类型（图6-68～图6-70）。

图 6-68　　　　　　　　　　图 6-69　　　　　　　　图 6-70

三、涂料墙面

涂料装饰是施工最简便的墙面装饰手法，可以直接快速的对墙面进行装饰，具有高效、经济、实用的使用特征。彩色涂料是表现突出色彩最容易选择的材料，尤其是色相明确，纯度高的颜色，是室内环境中大面积装饰墙面的首选装饰材料（图6-71、图6-72）。

图 6-71　　　　　　　　图 6-72

四、壁纸墙面

壁纸是最具墙面装饰性能的装饰材料，装饰作用突出，特别是独特的图案效果。图案利用是体现风格特征的重要手段（图6-73、图6-74）。

图6-73　　　　　　　　　　　　　　　图6-74

五、织物墙面

织物装饰墙面是解决室内环境中吸声问题最常用到的手法，能营造安静的室内环境，可以产生较强烈的装饰效果，具备在室内空间中形成视觉焦点等一些重要用途（图6-75、6-76）。

图6-75　　　　　　　　　　　　　　　图6-76

六、其他装饰材料墙面

装饰墙面的材料非常广泛，我们常用到的典型装饰材料还有陶瓷锦砖、玻璃、金属、有机材料等。装饰材料的创新运用，在于设计的大胆突破，对环境使用性质的正确把握是我们选择运用装饰材料的基础（图6-77～图6-82）。

图6-77

图 6-78

图 6-79

图 6-80

图 6-81

图 6-82

第三节　室内顶面装饰材料

　　室内顶面装饰材料相对于地面和墙面的装饰材料运用有较大局限性。装饰材质重量是顶面装饰选材最关键的性能指标。同时，材料的收缩稳定性能、防火性能等都是重要的指标。

一、石膏板顶面

　　石膏板是最普通的顶面装饰材料，具有良好的防火性能和经济性能，可以制作形式多样复杂的顶面天花造型。一般情况下多结合涂料和各种装饰线条使用，也可以加入一些其他材料作为点缀，是最丰富的顶面天花装饰用材（图 6-83、图 6-84）。

图 6-83

图 6-84

二、矿棉吸声板顶面

矿棉吸声板具有良好的吸声效果，符合一些特殊功能室内环境的需要，常用于办公等对天花造型变化要求简单的室内环境，艺术装饰效果不强，是实用功能突出，形式简洁的顶面天花装饰材料。材料都有专门的配套龙骨，不需要二次的表面装饰，是施工简便、快捷的顶面装饰材料（图 6-85）。

三、金属型材顶面

用于装饰顶面的金属型材多以轻质铝材等为原料，防火性能突出，有独特的装饰效果。顶面造型变化受到型材的约束，往往有比较固定的形式（图 6-86、图 6-87）。

图 6-85

图 6-86

图 6-87

四、木材质顶面

作为顶面天花装饰材料，木质材料不是典型的装饰选材。木质装饰材料的防火性能差，在一些室内环境中受到严格的使用限制。木质装饰材料主要运用在艺术性、豪华性要求高的空间场所或只是点缀装饰（图 6-88 ~图 6-90）。

图 6-88

图 6-89

图 6-90

五、其他装饰材料顶面

宽泛地讲，各种材质和性能的装饰材料在顶面装饰中都可以选择利用，但都不适合大面积的运用，而且施工工艺更为困难和复杂。在营造不同的室内空间环境中，有限的几种典型的顶面天花装饰材料是难以满足设计需要的，只有充分利用各种装饰材料，进行艺术化的设计是室内设计的核心价值所在（图6-91、图6-92）。

图6-91　　　　　　　　图6-92

第四节　室内装饰材料应用与艺术创意案例欣赏

在室内环境艺术设计中，丰富的装饰材料种类中存在无限的设计创意空间，发掘装饰材料潜在装饰用途以及发挥设计者主观的设计思维能力，最大程度地利用装饰材料的性能特点，创作出丰富多彩的室内空间环境，体现出极具个性化和艺术化的设计效果是我们追求的最终目标（图6-93～图6-95）。

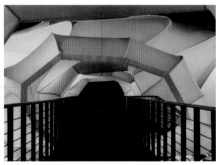

图6-93　　　　　　图6-94　　　　　　图6-95

　　室内空间环境中艺术化装饰的设计，首先表现在对材料的选择上，其次是对材料性能的发挥利用。有些是对材料的经典利用；有些是完全反传统的大胆的尝试；有些是新技术新工艺直接运用。总之，室内装饰材料的不断创新和发展，为我们进行无限的设计创意提供了充足的物质条件(图6-96～图6-98)。

图6-96　　　　　　　　　　　图6-97　　　　　　　　　　图6-98